国家出版基金资助项目
现代数学中的著名定理纵横谈丛书
丛书主编　王梓坤

SPERNER LEMMA

Sperner 引理

刘培杰数学工作室　编著

内容简介

本书从一道加拿大数学奥林匹克试题谈起,详细介绍了斯潘纳尔引理的内容及证明,并介绍了与之相关的 IMY 不等式、Boolea 矩阵、图论、Dilworth 定理、极集理论、高斯数等问题。

本书适合高等数学研究人员及高等院校数学专业教师及学生参考阅读。

图书在版编目(CIP)数据

Sperner 引理/刘培杰数学工作室编著.—哈尔滨:哈尔滨工业大学出版社,2018.1

(现代数学中的著名定理纵横谈丛书)

ISBN 978-7-5603-6806-1

Ⅰ.①S… Ⅱ.①刘… Ⅲ.①组合数学-研究 Ⅳ.①O157

中国版本图书馆 CIP 数据核字(2017)第 181021 号

策划编辑	刘培杰 张永芹
责任编辑	刘春雷
封面设计	孙茵艾
出版发行	哈尔滨工业大学出版社
社　　址	哈尔滨市南岗区复华四道街 10 号　邮编 150006
传　　真	0451-86414749
网　　址	http://hitpress.hit.edu.cn
印　　刷	哈尔滨市石桥印务有限公司
开　　本	787mm×960mm　1/16　印张 13.5　字数 139 千字
版　　次	2018 年 1 月第 1 版　2018 年 1 月第 1 次印刷
书　　号	ISBN 978-7-5603-6806-1
定　　价	98.00 元

(如因印装质量问题影响阅读,我社负责调换)

◎ 代序

读书的乐趣

你最喜爱什么——书籍.
你经常去哪里——书店.
你最大的乐趣是什么——读书.

这是友人提出的问题和我的回答.真的,我这一辈子算是和书籍,特别是好书结下了不解之缘.有人说,读书要费那么大的劲,又发不了财,读它做什么?我却至今不悔,不仅不悔,反而情趣越来越浓.想当年,我也曾爱打球,也曾爱下棋,对操琴也有兴趣,还登台伴奏过.但后来却都一一断交,"终身不复鼓琴".那原因便是怕花费时间,玩物丧志,误了我的大事——求学.这当然过激了一些.剩下来唯有读书一事,自幼至今,无日少废,谓之书痴也可,谓之书橱也可,管它呢,人各有志,不可相强.我的一生大志,便是教书,而当教师,不多读书是不行的.

读好书是一种乐趣,一种情操;一种向全世界古往今来的伟人和名人求教的方法,一种和他们展开讨论的方式;一封出席各种活动、体验各种生活、结识各种人物的邀请信;一张迈进科学宫殿和未知世界的入场券;一股改造自己、丰富自己的强大力量.书籍是全人类有史以来共同创造的财富,是永不枯竭的智慧的源泉.失意时读书,可以使人重整旗鼓;得意时读书,可以使人头脑清醒;疑难时读书,可以得到解答或启示;年轻人读书,可明奋进之道;年老人读书,能知健神之理.浩浩乎!洋洋乎!如临大海,或波涛汹涌,或清风微拂,取之不尽,用之不竭.吾于读书,无疑义矣,三日不读,则头脑麻木,心摇摇无主.

潜能需要激发

我和书籍结缘,开始于一次非常偶然的机会.大概是八九岁吧,家里穷得揭不开锅,我每天从早到晚都要去田园里帮工.一天,偶然从旧木柜阴湿的角落里,找到一本蜡光纸的小书,自然很破了.屋内光线暗淡,又是黄昏时分,只好拿到大门外去看.封面已经脱落,扉页上写的是《薛仁贵征东》.管它呢,且往下看.第一回的标题已忘记,只是那首开卷诗不知为什么至今仍记忆犹新:

日出遥遥一点红,飘飘四海影无踪.

三岁孩童千两价,保主跨海去征东.

第一句指山东,二、三两句分别点出薛仁贵(雪、人贵).那时识字很少,半看半猜,居然引起了我极大的兴趣,同时也教我认识了许多生字.这是我有生以来独立看的第一本书.尝到甜头以后,我便千方百计去找书,向小朋友借,到亲友家找,居然断断续续看了《薛丁山征西》《彭公案》《二度梅》等,樊梨花便成了我心中的女英雄.我真入迷了.从此,放牛也罢,车水也罢,我总要带一本书,还练出了边走田间小路边读书的本领,读得津津有味,不知人间别有他事.

当我们安静下来回想往事时,往往会发现一些偶然的小事却影响了自己的一生.如果不是找到那本《薛仁贵征东》,我的好学心也许激发不起来.我这一生,也许会走另一条路.人的潜能,好比一座汽油库,星星之火,可以使它雷声隆隆、光照天地;但若少了这粒火星,它便会成为一潭死水,永归沉寂.

抄,总抄得起

好不容易上了中学,做完功课还有点时间,便常光顾图书馆.好书借了实在舍不得还,但买不到也买不起,便下决心动手抄书.抄,总抄得起.我抄过林语堂写的《高级英文法》,抄过英文的《英文典大全》,还抄过《孙子兵法》,这本书实在爱得狠了,竟一口气抄了两份.人们虽知抄书之苦,未知抄书之益,抄完毫末俱见,一览无余,胜读十遍.

始于精于一,返于精于博

关于康有为的教学法,他的弟子梁启超说:"康先生之教,专标专精、涉猎二条,无专精则不能成,无涉猎则不能通也."可见康有为强烈要求学生把专精和广博(即"涉猎")相结合.

在先后次序上,我认为要从精于一开始.首先应集中精力学好专业,并在专业的科研中做出成绩,然后逐步扩大领域,力求多方面的精.年轻时,我曾精读杜布(J. L. Doob)的《随机过程论》,哈尔莫斯(P. R. Halmos)的《测度论》等世界数学名著,使我终身受益.简言之,即"始于精于一,返于精于博".正如中国革命一样,必须先有一块根据地,站稳后再开创几块,最后连成一片.

丰富我文采,澡雪我精神

辛苦了一周,人相当疲劳了,每到星期六,我便到旧书店走走,这已成为生活中的一部分,多年如此.一次,偶然看到一套《纲鉴易知录》,编者之一便是选编《古文观止》的吴楚材.这部书提纲挈领地讲中国历史,上自盘古氏,直到明末,记事简明,文字古雅,又富于故事性,便把这部书从头到尾读了一遍.从此启发了我读史书的兴趣.

我爱读中国的古典小说,例如《三国演义》和《东周列国志》.我常对人说,这两部书简直是世界上政治阴谋诡计大全.即以近年来极时髦的人质问题(伊朗人质、劫机人质等),这些书中早就有了,秦始皇的父亲便是受害者,堪称"人质之父".

《庄子》超尘绝俗,不屑于名利.其中"秋水""解牛"诸篇,诚绝唱也.《论语》束身严谨,勇于面世,"己所不欲,勿施于人",有长者之风.司马迁的《报任少卿书》,读之我心两伤,既伤少卿,又伤司马;我不知道少卿是否收到这封信,希望有人做点研究.我也爱读鲁迅的杂文,果戈理、梅里美的小说.我非常敬重文天祥、秋瑾的人品,常记他们的诗句:"人生自古谁无死,留取丹心照汗青""休言女子非英物,夜夜龙泉壁上鸣".唐诗、宋词、《西厢记》《牡丹亭》,丰富我文采,澡雪我精神,其中精粹,实是人间神品.

读了邓拓的《燕山夜话》,既叹服其广博,也使我动了写《科学发现纵横谈》的心.不料这本小册子竟给我招来了上千封鼓励信.以后人们便写出了许许多多的"纵横谈".

　　从学生时代起,我就喜读方法论方面的论著.我想,做什么事情都要讲究方法,追求效率、效果和效益,方法好能事半而功倍.我很留心一些著名科学家、文学家写的心得体会和经验.我曾惊讶为什么巴尔扎克在51年短短的一生中能写出上百本书,并从他的传记中去寻找答案.文史哲和科学的海洋无边无际,先哲们的明智之光沐浴着人们的心灵,我衷心感谢他们的恩惠.

读书的另一面

　　以上我谈了读书的好处,现在要回过头来说说事情的另一面.

　　读书要选择. 世上有各种各样的书:有的不值一看,有的只值看20分钟,有的可看5年,有的可保存一辈子,有的将永远不朽.即使是不朽的超级名著,由于我们的精力与时间有限,也必须加以选择.决不要看坏书,对一般书,要学会速读.

　　读书要多思考. 应该想想,作者说得对吗?完全吗?适合今天的情况吗?从书本中迅速获得效果的好办法是有的放矢地读书,带着问题去读,或偏重某一方面去读.这时我们的思维处于主动寻找的地位,就像猎人追找猎物一样主动,很快就能找到答案,或者发现书中的问题.

　　有的书浏览即止,有的要读出声来,有的要心头记住,有的要笔头记录.对重要的专业书或名著,要勤做笔记,"不动笔墨不读书".动脑加动手,手脑并用,既可加深理解,又可避忘备查,特别是自己的灵感,更要及时抓住.清代章学诚在《文史通义》中说:"札记之功必不可少,如不札记,则无穷妙绪如雨珠落大海矣."

许多大事业、大作品,都是长期积累和短期突击相结合的产物.涓涓不息,将成江河;无此涓涓,何来江河?

爱好读书是许多伟人的共同特性,不仅学者专家如此,一些大政治家、大军事家也如此.曹操、康熙、拿破仑、毛泽东都是手不释卷,嗜书如命的人.他们的巨大成就与毕生刻苦自学密切相关.

王梓坤

目录

- 第 1 章　斯潘纳尔引理及 IMY 不等式 // 1
- 第 2 章　Boolea 矩阵和图论证法 // 20
- 第 3 章　极大的无 k 个子集两两不相交的子集系的最小容量 // 23
  - §1　定理 3.1 的证明 // 24
  - §2　定理 3.2 的证明 // 25
- 第 4 章　Katona 和 Kleitman 定理的推广 // 30
  - §1　主要结果 // 31
  - §2　推论 // 41
- 第 5 章　斯潘纳尔性质 // 44
- 第 6 章　有限子集系的斯潘纳尔系 // 58
  - §1　引言 // 58
  - §2　主要结果 // 60
- 第 7 章　直积与格 // 68
  - §1　一些准备 // 68
  - §2　格 // 75
  - §3　Dedekind 格和完全 Dedekind 格 // 81
  - §4　完全 Dedekind 格中的直和 // 90

§5　辅助引理 // 101
　　　§6　基本定理 // 111
第8章　组合数学：发展趋势与例 // 114
第9章　G. C. Rota 猜想 // 119
第10章　Riordan 群的反演链及在组合和中的应用 // 123
　　　§1　引言 // 123
　　　§2　定义和定理 // 125
　　　§3　二项式系数的 Riordan 链 // 128
　　　§4　一些基本的 Riordan 偶 // 130
第11章　两种反演技巧在组合分析中的应用 // 135
　　　§1　引言 // 135
　　　§2　反演技巧之一：广义斯特林数偶的产生方法 // 137
　　　§3　广义斯特林数的一些基本性质 // 142
　　　§4　反演技巧之二：组合等式的嵌入法 // 147
附录1　限制子集基数的斯潘纳尔系 // 153
附录2　Dilworth 定理和极集理论 // 163
附录3　高斯数和 q－类似 // 172
附录4　超图 // 179
附录5　关于斯潘纳尔性质的一个猜想的注记 // 191
参考文献 // 194
后记 // 199

斯潘纳尔引理及 IMY 不等式

第 1 章

在 1993 年全国高中数学联赛中,浙江省提供了一道颇有背景的试题(第二试第二题):

试题 1.1 设 A 是一个包含 n 个元素的集合,它的 m 个子集 A_1,A_2,$\cdots$,A_m 两两互不包含,试证:

(1) $\sum_{i=1}^{m} \dfrac{1}{C_n^{|A_i|}} \leqslant 1$;

(2) $\sum_{i=1}^{m} C_n^{|A_i|} \geqslant m^2$.

其中,$|A_i|$ 表示 A_i 所含元素的个数,$C_n^{|A_i|}$ 表示从 n 个不同元素中取 $|A_i|$ 个的组合数.

证明 (1)证明的关键在于证明如下不等式

Sperner 引理

$$\sum_{i=1}^{m} |A_i|! (n-|A_i|)! \leqslant n! \qquad (1.1)$$

设 $|A_i|=m_i(i=1,2,\cdots,m)$. 一方面 A 中 n 个元素的全排列为 $n!$；另一方面，考虑这样一类 n 元排列

$$a_1,a_2,\cdots,a_{m_i},b_1,b_2,\cdots,b_{n-m_i} \qquad (1.2)$$

其中，$a_j \in A_i (1 \leqslant j \leqslant m_i)$，$b_j \in A \backslash A_i$（即 $\overline{A_i}$）$(1 \leqslant j \leqslant n-m_i)$.

我们先证明一个引理.

引理 1.1 若 $i \neq j$，则 A_i 与 A_j 由上述方法所产生的排列均不相同.

证明 用反证法，假设 A_j 所对应的一个排列

$$a'_1,a'_2,\cdots,a'_{m_j},b'_1,b'_2,\cdots,b'_{n-m_j}$$

与 A_i 所对应的一个排列

$$a_1,a_2,\cdots,a_{m_i},b_1,b_2,\cdots,b_{n-m_i}$$

相同，则有以下两种情况：

① 当 $|A_i| \leqslant |A_j|$ 时，有 $A_j \supsetneqq A_i$；

② 当 $|A_i| > |A_j|$ 时，有 $A_i \supsetneqq A_j$.

而这均与 $A_1,A_2,\cdots,A_m$ 互不包含相矛盾，故引理 1.1 成立.

由引理 1.1 可知式 (1.1) 成立. 由式 (1.1) 立即可得

$$\sum_{i=1}^{m} \frac{|A_i|!(n-|A_i|)!}{n!} = \sum_{i=1}^{m} \frac{1}{C_n^{|A_i|}} \leqslant 1$$

(2) 利用柯西 (Cauchy) 不等式及式 (1.1) 可得

$$m \leqslant \left(\sum_{i=1}^{m} \frac{1}{C_n^{|A_i|}}\right)\left(\sum_{i=1}^{m} C_n^{|A_i|}\right) \leqslant 1$$

近几年来，背景法命题在数学奥林匹克中已形成潮流，一道优秀的竞赛试题应有较高深的背景已成为命题者的共识，试题 1.1 就是一例.

第1章 斯潘纳尔引理及 IMY 不等式

首先就研究对象来看，试题 1.1 实际上研究了一个子集族，即 A 是一个 n 阶集合，$S=\{A_1,A_2,\cdots,A_m\}$ 且满足：

(1) $A_i \subsetneq A(i=1,2,\cdots,m)$；

(2) 对任意的 $A_i, A_j \in S, i \neq j$ 时满足 $A_i \not\subseteq A_j$，$A_j \not\subseteq A_i$.

那么这样的子集族称为 S 族，S 族中的元素都是集合. 之所以称为 S 族，是因为数学家斯潘纳尔（Sperner）最先研究了这类问题. 1928 年斯潘纳尔证明了一个被许多组合学书中称为斯潘纳尔引理的结果，它是组合集合论中的经典结果之一.

斯潘纳尔引理 设集合
$$X=\{1,2,\cdots,n\}$$
$A_1,A_2,\cdots,A_p$ 为 X 的不同子集，$E=\{A_1,A_2,\cdots,A_p\}$ 是 X 的子集族. 若 E 为 S 族，则 E 族的势至多为 $C_n^{[\frac{n}{2}]}$（其中 $[x]$ 为高斯（Gauss）函数），即 $\max p = C_n^{[\frac{n}{2}]}$.

证明 令 $q_k \triangleq |\{k \mid |A_i|=k, 1 \leqslant i \leqslant p\}|$，则由试题 1.1 证明中的式 (1.1) 有
$$\sum_{k=1}^n q_k k!\,(m-k)! \leqslant n!$$
由于
$$\max_{1 \leqslant k \leqslant n} C_n^k = C_n^{[\frac{n}{2}]}$$
所以
$$p = \sum_{k=1}^m q_k \leqslant C_n^{[\frac{n}{2}]} \sum_{k=1}^p q_k \frac{k!\,(n-k)!}{n!}$$
$$\leqslant C_n^{[\frac{n}{2}]} \sum_{k=1}^p q_k \frac{1}{C_n^k} = C_n^{[\frac{n}{2}]} \sum_{k=1}^p \frac{1}{C_n^{|A_i|}} \leqslant C_n^{[\frac{n}{2}]}$$

斯潘纳尔引理在数学竞赛中有许多精彩的特例.

再举一个最近的例子.

试题 1.2 （2017 年中国国家集训队测试三）设 X 是一个 100 元集合. 求具有下述性质的最小正整数 n：对于任意由 X 的子集构成的长度为 n 的序列
$$A_1, A_2, \cdots, A_n$$
存在 $1 \leqslant i < j < k \leqslant n$，满足
$$A_i \subseteq A_j \subseteq A_k \text{ 或 } A_i \supseteq A_j \supseteq A_k$$
（翟振华供题）

解 答案是 $n = C_{102}^{51} + 1$.

考虑如下的子集序列：$A_1, A_2, \cdots, A_N$，其中 $N = C_{100}^{50} + C_{100}^{49} + C_{100}^{51} + C_{100}^{50} = C_{102}^{51}$，第一段 C_{100}^{50} 项是所有 50 元子集，第二段 C_{100}^{49} 项是所有 49 元子集，第三段 C_{100}^{51} 项是所有 51 元子集，第四段 C_{100}^{50} 项是所有 50 元子集. 由于同一段中的集合互不包含，因此只需考虑三个子集分别取自不同的段，易知这三个集合 A_i, A_j, A_k 不满足题述条件. 故所求 $n \geqslant C_{102}^{51} + 1$.

下证若子集序列 $A_1, A_2, \cdots, A_m$ 不存在 $A_i, A_j, A_k (i < j < k)$ 满足 $A_i \subseteq A_j \subseteq A_k$，或者 $A_i \supseteq A_j \supseteq A_k$，则 $m \leqslant C_{102}^{51}$. 我们给出三个证明.

证法 1（付云皓） 对每个 $1 \leqslant j \leqslant m$，定义集合 B_j 如下：另取两个不属于 X 的元素 x, y. 考察是否存在 $i < j$，满足 $A_i \supseteq A_j$，以及是否存在 $k > j$，满足 $A_k \supseteq A_j$. 若两个都是否定，则令 $B_j = A_j$；若前者肯定后者否定，则令 $B_j = A_j \cup \{x\}$；若前者否定后者肯定，则令 $B_j = A_j \cup \{y\}$；若两个都肯定，则令 $B_j = A_j \cup \{x, y\}$.

第 1 章 斯潘纳尔引理及 IMY 不等式

下面验证 $B_1, B_2, \cdots, B_m$ 互不包含. 假设 $i < j$, 且 $B_i \subseteq B_j$, 则有 $A_i \subseteq A_j$. 由 B_i 的定义可知 $y \in B_i$, 故 $y \in B_j$, 这样, 存在 $k > j$, 使得 $A_j \subseteq A_k$, 这导致 $A_i \subseteq A_j \subseteq A_k$, 与假设矛盾. 类似可得 $B_i \supseteq B_j$ 也不可能. 这样 $B_1, B_2, \cdots, B_m$ 是 102 元素集合 $X \bigcup \{x, y\}$ 的互不包含的子集, 由斯潘纳尔引理得 $m \leqslant C_{102}^{51}$.

如果用到 Erdös-Szekeres 定理则有:

证法 2 考虑 $C = \{C_0, C_1, \cdots, C_{100}\}$, 其中 $C_0, C_1, \cdots, C_{100}$ 是 X 的子集, $|C_i| = i (0 \leqslant i \leqslant 100)$, 且 $C_0 \subset C_1 \subset \cdots \subset C_{100}$, 称这样的 C 为 X 的一条最大链. 对 X 的任意子集 A, 定义 $f(A) = C_{100}^{|A|}$. 用两种方式处理下面的和式

$$S = \sum_{C} \sum_{A_i \in C} f(A_i)$$

其中第一个求和遍历所有 X 的最大链 C, 第二个求和对属于 C 的 A_i 求和.

在每条最大链 C 中, 至多有 4 个 $A_i \in C$. 这是因为, 如果有 5 个 $A_i \in C$, 由于这 5 个集合互相有包含关系, 由 Erdös-Szekeres 定理, 存在三项子列依次包含或者依次被包含, 与假设不符. 并且在同一条最大链上的 A_i, 至多有两个相同. 因此对每条最大链 C, 有

$$\sum_{A_i \in C} f(A_i) \leqslant 2C_{100}^{50} + 2C_{100}^{49} = C_{102}^{51}$$

给定一条最大链等价于给出 X 中所有元素的一个排列, 故最大链条数等于 $100!$, 于是 $S \leqslant 100! \, C_{102}^{51}$.

另外, 通过交换求和符号, 有

$$S = \sum_{i=1}^{m} \sum_{C: A_i \in C} f(A_i) = \sum_{i=1}^{m} f(A_i) n(A_i)$$

其中 $n(A_i)$ 表示包含 A_i 的最大链的条数. 包含 A_i 的最

Sperner 引理

大链,其对应的 X 中排列,前 $|A_i|$ 个元素恰为 A_i,因此 $n(A_i)=|A_i|!(100-|A_i|)!$,故 $f(A_i)n(A_i)=100!$,从而 $S=100!\,m$. 再结合 $S \leqslant 100!\,\mathrm{C}_{102}^{51}$,即得 $m \leqslant \mathrm{C}_{102}^{51}$.

如果用上 Hull 定理和 Menger 定理则可得到:

证法 3 我们将 X 的全体子集在包含关系下构成的偏序集 $P(X)$ 划分成 C_{100}^{50} 条互不相交的链,使得其中有 $\mathrm{C}_{100}^{50}-\mathrm{C}_{100}^{49}$ 条链仅由一个集合构成. 若可以做到上述划分,则由证法 2 中的讨论可知,每条链上至多有 4 个 A_i,但在仅有一个集合的链上至多有 2 个 A_i,从而 $m \leqslant 4\mathrm{C}_{100}^{49}+2(\mathrm{C}_{100}^{50}-\mathrm{C}_{100}^{49})=\mathrm{C}_{102}^{51}$. 设 $P_i(X) \subset P(X)$ 是 X 的所有 i 元集合构成的子集族. 构作简单图 G,其顶点集为 $P(X)$,对 $A \in P_i(X)$ 以及 $B \in P_{i+1}(X)$,A, B 之间用边相连当且仅当 $A \subset B$. G 限制在 $P_i(X) \bigcup P_{i+1}(X)$ 上是一个二部图,记为 G_i. 对于 $0 \leqslant i < 49$,我们说明 G_i 有一个覆盖 $P_i(X)$ 的匹配. 注意到对 $A \in P_i(X)$, $\deg_{G_i}(A)=100-i$,对 $B \in P_{i+1}(X)$, $\deg_{G_i}(B_i)=i+1<100-i$. 对任意 $V \subseteq P_i(X)$,V 在 G_i 中的邻点个数

$$|N_{G_i}(V)| \geqslant |V| \cdot \frac{100-i}{i+1} \geqslant |V|$$

由 Hall 定理,在 G_i 中存在覆盖 $P_i(X)$ 的匹配. 对每个 $i=0,1,\cdots,48$,取定 G_i 中覆盖 $P_i(X)$ 的匹配,将其余边删去. 类似地,对每个 $i=51,52,\cdots,99$,在 G_i 中存在覆盖 $P_{i+1}(X)$ 的匹配,取定这样一个匹配,而将其余边删去.

考虑 G 限制在 $P_{49}(X) \bigcup P_{50}(X) \bigcup P_{51}(X)$ 得到的三部图 H,我们证明 H 中存在 C_{100}^{49} 条互不相交长度

6

第 1 章　斯潘纳尔引理及 IMY 不等式

为 2 的链,每条链的三个顶点分别属于 $P_{49}(X)$, $P_{50}(X)$ 和 $P_{51}(X)$. 这需要用到 Menger 定理:设 $G=(V,E)$ 是一个简单图, $U,W\subseteq V$ 是两个不相交的顶点子集. 考虑 G 中一组从 U 出发到 W 结束的互不相交的路径,这样的一组路径最大个数记为 k. 再考虑从 G 中删去若干个顶点(可以是 U 和 W 中顶点)使得剩下的图中不存在从 U 中顶点出发到 W 中顶点的路径,所需删去的最少顶点数记为 l,则有 $k=l$.

根据 Menger 定理,只需说明从 H 中至少删去 C_{100}^{49} 个顶点才能使得没有从 $P_{49}(X)$ 中顶点到 $P_{51}(X)$ 中顶点的路径. H 中所有这样的长度为 2 的路径共有 $C_{100}^{49} \cdot 51 \cdot 50$ 条. 一个 $P_{50}(X)$ 中的顶点恰落在 $50 \cdot 50$ 条这样的路径上,一个 $P_{49}(X)$ 或 $P_{51}(X)$ 中顶点恰落在 $51 \cdot 50$ 条这样的路径上,因此删去一个 $P_{50}(X)$ 中的顶点恰好破坏 50^2 条路径,删去一个 $P_{49}(X)$ 或 $P_{51}(X)$ 中的顶点恰好破坏 $51 \cdot 50$ 条路径,于是至少删去 C_{100}^{49} 个顶点才能破坏所有的路径.

将这 C_{100}^{49} 条路径连同之前得到的那些匹配中的边合在一起,便得到了我们所需的链划分.

1981 年 5 月,加拿大举行了第 13 届数学竞赛,其最后一道试题为:

试题 1.3　共有 11 个剧团参加会演,每天都排定其中某些剧团演出,其余的剧团则跻身于普通观众之列. 在会演结束时,每个剧团除了自己的演出日外,至少观看过其他每个剧团的一次表演. 问这样的会演至少要安排几天?

Sperner 引理

用斯潘纳尔引理可以很容易地证明试题 1.3.

证法 1 令 $A = \{1, 2, \cdots, n\}$,以 $A_i (i = 1, 2, \cdots, 11)$ 表示第 i 个剧团做观众的时间集合,则 $A_i \subseteq A (i = 1, 2, \cdots, 11)$.

由于每个剧团都全面观摩过其他剧团的演出,所以 $A_i, A_j (1 \leqslant i, j \leqslant 11)$ 互不包含(第 i 个剧团观摩第 j 个剧团的那一天属于 A_i 而不属于 A_j),故
$$\{A_1, A_2, \cdots, A_{11}\}$$
为 S 族. 由斯潘纳尔引理知,只需求
$$n_0 = \min\{n \mid C_n^{[\frac{n}{2}]} \geqslant 11\}$$
由于 $f(n) = C_n^{[\frac{n}{2}]}$ 是增函数,故由 $C_5^2 = 10, C_6^3 = 20$ 知, $n_0 = 6$. 证毕.

证法 1 固然简洁明快,但它是以知道斯潘纳尔引理为前提的,不适合于中学生,下面给出另一种证法:

证法 2 设共有 m 天,集合 $M = \{1, 2, \cdots, m\}$;有 n 个队, $A_i = \{$第 i 个队的演出日期$\}$. 显然 $A_i \subsetneqq M$. 我们将满足全面观摩要求称为具有性质 P.

定义 $f(n) \triangleq \min\{n \mid A_1, A_2, \cdots, A_n$ 具有性质 P$\}$,故我们只需证 $f(11) = 6$.

为了便于叙述,先来证明两个简单的引理.

引理 1.2 以下三个结论是等价的:
(1) $A_1, A_2, \cdots, A_n$ 具有性质 P;
(2) 对任意的 $1 \leqslant i \neq j \leqslant n, A_i \overline{A_j} \neq \varnothing$;
(3) $\{A_1, A_2, \cdots, A_n\}$ 是 S 族.

证明 (1)$\Rightarrow$(2) 用反证法:假若存在 $1 \leqslant i \neq j \leqslant n$,使得 $A_i \overline{A_j} = \varnothing$,则第 j 个队就无法观看第 i 个队的演出,与(1)矛盾.

(2)⇒(3) 假若 $\{A_1,A_2,\cdots,A_n\}$ 不是 S 族,则必定存在 $1\leqslant i\neq j\leqslant n$,使得 $A_i\subsetneqq A_j$,则有 $A_i\overline{A}_j\subsetneqq A_j\overline{A}_j$.而 $A_j\overline{A}_j=\varnothing$,故 $A_i\overline{A}_j=\varnothing$,与(2)矛盾.

(3)⇒(1) 如果第 i 个队始终看不到第 j 个队的演出,意味着第 i 个队在演出时,第 j 个队也一定在演出,即 $A_i\subsetneqq A_j$,与(3)矛盾.

引理 1.3 若 $\{A_1,A_2,\cdots,A_n\}$ 是具有性质 P 的,则 $\overline{A}_1,\overline{A}_2,\cdots,\overline{A}_n$ 也具有性质 P.

证明 注意到对任意 $1\leqslant i\neq j\leqslant n$,有关系式
$$\overline{A}_i\,\overline{\overline{A}_j}=\overline{A}_i A_j, A_j\overline{A}_i$$
故由引理 1.1 知结论为真.

下面我们来证明试题 1.2. 首先证明 $f(11)\leqslant 6$. 今构造一个安排如下

$$A_1=\{1,2\}, A_2=\{1,3\}, A_3=\{1,4\}, A_4=\{1,5\}$$
$$A_5=\{2,3\}, A_6=\{2,4\}, A_7=\{2,5\}$$
$$A_8=\{3,4\}, A_9=\{3,5\}$$
$$A_{10}=\{4,5\}$$
$$A_{11}=\{6\}$$

显然这个安排满足引理 1.2 中的(3),由引理 1.2 知它满足全面观摩的要求,故 $f(1)\leqslant 6$.

接着证 $f(11)>5$,即对 $M_1=\{1,2,3,4,5\}$ 无法构造出 $A_1,A_2,\cdots,A_{11}$ 使之具有性质 P. 为此我们还需要证明几个引理,对于 M_1 我们有如下的引理:

引理 1.4 $|A_i|\neq 1(1\leqslant i\leqslant 11)$.

证明 用反证法:假设存在某个 $i(1\leqslant i\leqslant 11)$,使 $|A_i|=1$;不失一般性可设 $|A_1|=1,A_1=\{1\}$. 则由引理 1.2 中(3)可知 $\{1\}\not\subseteq A_j(2\leqslant j\leqslant 11)$,即它们也具有性质 P. 下面证 $|A_j|\neq 1,2,3(2\leqslant j\leqslant 11)$.

(1) 若存在某个 $2 \leqslant i \leqslant 11$,使得 $|A_i|=1$,则不妨设 $|A_2|=1$,且 $A_2=\{2\}$. 由引理 1.1 中(3)可得
$$\{2\} \not\subseteq A_j \quad (3 \leqslant j \leqslant 11)$$
于是 $A_j \subsetneq M_2-A_2=\{3,4,5\}$(记为 M_3)($3 \leqslant j \leqslant 11$). M_3 的所有真子集共 $2^3-2=6$(个),但 $A_3,A_4,\cdots,A_{11}$ 共有 9 个,故由抽屉原理知至少有两个相同,与引理 1.2 矛盾.

(2) 假设存在某个 $2 \leqslant i \leqslant 11$,使得 $|A_i|=3$,不失一般性可假设 $|A_2|=3$,且 $A_2=\{2,3,4\}$,那么 $A_j \subseteq M_2-A_2(3 \leqslant j \leqslant 11)$. 而 M_2-A_2 的真子集共有
$$(2^4-2)-(2^3-1)=7(\text{个})$$
由抽屉原理知在 $A_2,\cdots,A_{11}$ 中一定有两个相同,与引理 1.1 矛盾.

(3) 由(1)(2)可知,对所有的 $2 \leqslant i \leqslant 11$,都有 $|A_i|=2$,而 M_2 的所有二元子集总共只有 $C_4^2=6$(个),由抽屉原理知必有两个 A_i 和 $A_j(2 \leqslant i \neq j \leqslant 11)$ 相同,与引理 1.2 矛盾.

综合(1)(2)(3)可知引理 1.4 成立. 证毕.

引理 1.5 $|A_i| \neq 4(1 \leqslant i \leqslant 11)$.

证明   由引理 1.3 知,若 $A_1,A_2,\cdots,A_{11}$ 具有性质 P,则 $\overline{A}_1,\overline{A}_2,\cdots,\overline{A}_{11}$ 也具有性质 P,故由引理 1.3 知
$$|\overline{A}_i| \neq 1 \quad (1 \leqslant i \leqslant 11)$$
注意到
$$|A_i|=|A_i \cup \overline{A}_i|-|\overline{A}_i|=5-|\overline{A}_i|$$
故 $|A_i| \neq 4$.

引理 1.6   我们记 $M^{(i)}$ 表示 M 的所有 i 元子集,且

$\alpha = |\{A_i \mid |A_i| = 2, 1 \leqslant i \leqslant 11\}| = |M^{(2)}|$

$\beta = |\{A_i \mid |A_i| = 3, 1 \leqslant i \leqslant 11\}| = |M^{(3)}|$

则 $\beta \geqslant 6$.

证明 用反证法:假设 $\beta \leqslant 5$.

(1) 先证 $\beta \neq 1$,$|M^{(2)}| = C_5^2 = 10$,故 $\beta = 1$ 时,$\alpha = 11 - \beta = 10$,可以取到,但此时这个唯一的三元集 A_j,一定存在某个 $A_p \in \{A_i \mid |A_i| = 2, 1 \leqslant i \leqslant 11\}$,使 $A_p \subsetneqq A_j$,与引理 1.1 矛盾.所以 $\beta \neq 1$.

(2) 若 $\beta = 2$,设 $|A_1| = |A_2| = 3$,且 $A_1 = \{1, 2, 3\}$,考虑 $A_1 \cap A_2$,$|A_1 \cap A_2| = 1$ 或 2.

① 若 $|A_1 \cap A_2| = 1$,则可设 $A_2 = \{3, 4, 5\}$,于是
$$|A_1^{(2)}| + |A_2^{(2)}| = C_3^2 + C_3^2 = 6$$
故 $\alpha \leqslant |\{A_i \mid |A_i| = 2, A_i \nsubseteq A_1 \text{ 且 } A_i \subseteq A_2\}| = 4$,$\alpha + \beta \leqslant 4 + 2 = 6$,与 $\alpha + \beta = 11$ 矛盾.

② 若 $|A_1 \cap A_2| = 2$,则可设 $A_2 = \{2, 3, 4\}$,于是 $|\{B_j \mid |B_j| = 2, B_j \subseteq A_1 \text{ 或 } B_j \subseteq A_2\}| = C_3^2 + C_3^2 - 1 = 5$.由引理 1.1 知 $\alpha \leqslant 10 - 5 = 5$,故 $\alpha + \beta \leqslant 5 + 2 = 7$,与 $\alpha + \beta = 11$ 矛盾.

综合(1)(2) 可知 $\beta \neq 2$.

(3) 若 $\beta = 3$,则不妨设 $|A_1| = |A_2| = |A_3| = 3$,且 $A_1 = \{1, 2, 3\}$,仍考虑 $A_1 \cap A_2$,$|A_1 \cap A_2| = 1$ 或 2.

① 若 $|A_1 \cap A_2| = 1$,则可设
$$A_2 = \{3, 4, 5\}$$
$|A_1^{(2)} \cup A_2^{(2)}| = |A_1^{(2)}| + |A_2^{(2)}| = 3 + 3 = 6$
考察 $A_3^{(2)}$.

如果 $A_3^{(2)} \subsetneqq A_1^{(2)} \cup A_2^{(2)}$,则因 $|A_3^{(2)}| = 3$,故由抽屉原则可知,存在两个 $Y_1, Y_2 \in A_3^{(2)}$,使得 $Y_1, Y_2 \in$

Sperner 引理

$A_1^{(2)}$ 或 $Y_1, Y_2 \in A_2^{(2)}$,即 $|A_3^{(2)} \cap A_j^{(2)}| = 2(j=1$ 或 $2)$,但这可导致 $A_1 = A_j(j=1$ 或 $2)$,矛盾.

② 若 $|A_1 \cap A_2| = 2$ 也会产生类似矛盾.

由①② 可知,$A_3^{(2)} \not\subseteq A_1^{(2)} \cup A_2^{(2)}$,故

$$|\bigcup_{i=1}^{3} A_i^{(2)}| \geq |\bigcup_{i=1}^{2} A_i^{(2)}| + 1$$
$$= |A_1^{(2)}| + |A_2^{(2)}| - |A_1^{(2)} \cap A_2^{(2)}| + 1$$
$$= \begin{cases} 7 & |A_1 \cap A_2| = 1 \text{ 时} \\ 6 & |A_1 \cap A_2| = 2 \text{ 时} \end{cases}$$

由引理 1.2 的(3) 可知

$$\alpha \leq |M_1^{(2)}| - |\bigcup_{i=1}^{3} A_i^{(2)}| \leq 10 - 6 = 4$$

因此 $\beta \geq 11 - 4 = 7$,这与假设的 $\beta \leq 5$ 矛盾,故引理 1.6 成立.

引理 1.7 $\alpha \geq 6$.

证明 若 $A_1, A_2, \cdots, A_{11}$ 具有性质 P,由引理 1.3 知 $\overline{A}_1, \overline{A}_2, \cdots, \overline{A}_{11}$ 也具有性质 P. 记

$$\alpha' = |\{\overline{A}_i | |\overline{A}_i| = 2, 1 \leq i \leq 11\}|$$
$$\beta' = |\{\overline{A}_i | |\overline{A}_i| = 3, 1 \leq i \leq 11\}|$$

由于 $|M_1| = 5$,则 $|\overline{A}_i| = 2 \Rightarrow |A_i| = 3$,$|\overline{A}_i| = 3 \Rightarrow |A_i| = 2$,故 $\beta' = \alpha, \alpha' = \beta$.

由引理 1.6 知,$\beta' \geq 6$,故 $\alpha = \beta' \geq 6$,证毕.

由引理 1.6、引理 1.7 可知 $\alpha + \beta \geq 6 + 6 = 12$,与 $\alpha + \beta = 11$ 矛盾. 故对 $M_1 = \{1,2,3,4,5\}$ 不能构造出 $A_1, A_2, \cdots, A_{11}$ 具有性质 P,即 $f(11) > 5$. 再由开始所证 $f(11) \leq 6$ 可知 $f(11) = 6$.

证法 2 使用了最少的预备知识,只用到集合的运算,条分缕析,自然流畅,但过程冗长,所以我们希望得到一个精炼却不失于"初等"的解答. 经过对证法 2 的

分析，我们可以看到 $f(11) \leqslant 6$ 这步已无法压缩，对 $f(11) > 5$ 却可以通过引入某种特殊的结构加以简化.

定义 1.1 如果 $X = \{1, 2, \cdots, n\}$ 的子集族 $F = \{A_1, A_2, \cdots, A_m\}$ 中的元素满足 $A_1 \subseteq A_2 \subseteq \cdots \subseteq A_m$，并且满足以下两个关系式：

(1) $|A_{i+1}| = |A_i| + 1 (i = 1, 2, \cdots, m-1)$；

(2) $|A_1| + |A_m| = n$.

则称链 F 为对称链.

对称链有如下性质：

性质 1.1 若 $|A_1| = 1$，则 X 中对称链的总条数为 $n!$.

证明 设 $A_1 \subseteq A_2 \subseteq \cdots \subseteq A_m$ 是一条对称链. 若 $|A_1| = 1$，则由定义 1.1 中 (1)(2) 可知

$$|A_2| = 2, |A_3| = 3, \cdots, |A_m| = n - 1$$

若 A_1 选 $\{i\}(1 \leqslant i \leqslant n)$，可有 n 种选法，注意到 $A_2 \supseteq A_1$，则 A_2 为 $\{i, j\}$ 型，$i \neq j$，j 有 $n-1$ 种选法，依此类推，这种链的条数为

$$n \cdot (n-1) \cdot (n-2) \cdots \cdot 2 \cdot 1 = n!$$

性质 1.2 若 $A_1 \subseteq A_2 \subseteq \cdots \subseteq A_m$ 是 X 中的一条对称链，那么 $\overline{A}_1 \supseteq \overline{A}_2 \supseteq \cdots \supseteq \overline{A}_m$ 也是 X 中的一条对称链.

证明 由 $A_1 \subseteq A_2 \subseteq \cdots \subseteq A_m$ 是 X 中的一条链，可知 $\overline{A}_m \subseteq \overline{A}_{m-1} \subseteq \cdots \subseteq \overline{A}_2 \subseteq \overline{A}_1$ 也是 X 中的一条链. 另外

$$|\overline{A}_i| = |X - A_i| = |X| - |A_i|$$
$$|\overline{A}_{i+1}| = |X - A_{i+1}| = |X| - |A_{i+1}|$$
$$= |X| - |A_i| - 1$$

所以
$$|\overline{A}_i| = |\overline{A}_{i+1}| + 1$$

Sperner 引理

且

$$|\overline{A_1}|+|\overline{A_m}|=|X-A_1|+|X-A_m|$$
$$=2|X|-(|A_1|+|A_m|)$$
$$=2n-n=n$$

故由定义 1.1 知,$\overline{A_m} \subseteq \overline{A_{m-1}} \subseteq \cdots \subseteq \overline{A_2} \subseteq \overline{A_1}$ 也是 X 中的一条对称链.

性质 1.3　$|A_1|=1$ 和 $|A_{n-1}|=n-1$ 包含在 $(n-1)!$ 条对称链中.

证明　因为 $|A_1|=1$,不妨设 $A_1=\{1\}$,则以 A_1 开始(即 $A_1 \subseteq \cdots \subseteq A_m$ 型)的每条链都包含 1,故 $H=\{A_2-\{1\},A_3-\{1\},\cdots,A_{n-1}-\{1\}\}$ 是一条长为 $n-2$ 的对称链.由性质 1.1 知 H 的种数为 $(n-1)!$.

同理可证,满足 $|A_{n-1}|=n-1$ 的对称链有 $(n-1)!$ 种.证毕.

用以上性质 1.1 及性质 1.3 我们可有如下证法:

证法 3　$f(11) \leqslant 6$ 的证法同证法 2.以下证明 $f(11)>5$.因为每个剧团标号是一个子集 $A \subseteq \{1,2,3,4,5\}$,并且显然 $1 \leqslant |A| \leqslant 4$.定义一条对称链 $A_1 \subseteq A_2 \subseteq A_3 \subseteq A_4$,其中 $|A_i|=i (1 \leqslant i \leqslant 4)$.由性质 1.1 可知这种链的总条数为 120.由性质 1.3 知每个满足 $|A_i|=1$ 或 4 的子集出现在 $(5-1)!=24$(条)链中,而每个满足 $|A_i|=2,3$ 的子集出现在 $2 \times 3 \times 2=12$(条) 链中(例如 A_2 含有两数,则 A_1 含有这两数之一,A_3 含有其余三数之一,A_4 含有其余两数之一).由于共有 11 个剧团,每个剧团的标号在 120 条链中出现 24 次或 12 次,所以 11 个标号总共至少出现 $11 \times 12 = 132$(次).根据抽屉原理,至少有两个标号(记为 A 和 B)出现在同一条链中,但这与 A,B 属于斯潘纳尔族

矛盾.

利用对称链的方法我们还可以给出斯潘纳尔引理的一个新证明.

定义 1.2 如果 $F_1, F_2, \cdots, F_n$ 是 $X = \{1, 2, \cdots, n\}$ 的 m 条对称链,且对每个 $A \subseteq X$:

(1) 存在一个 $i(1 \leqslant i \leqslant m)$,使得 $A \in F_i$;

(2) 不存在 $i, j(1 \leqslant i \neq j \leqslant m)$,使得 $A \in F_i \bigcap F_j$.

则称 $F_1, F_2, \cdots, F_m$ 为 m 条互不相交的对称链.

对不相交对称链的条数,我们有如下定理:

定理 1.1 设 $F_i(i=1,2,\cdots,m)$ 为 $X = \{1, 2, \cdots, n\}$ 的对称链,$F = \{F_1, F_2, \cdots, F_m\}$,则 $|F| = C_n^{[\frac{n}{2}]}$.

证明 对 n 用数学归纳法:

(1) 当 $n=1$ 时,结论显然成立.

(2) 假设当 $n=k$ 时结论成立,即 $\{1, 2, \cdots, n-1\}$ 的全体子集可以分拆为 $C_n^{[\frac{n}{2}]}$ 条互不相交的对称链.

(3) 设 $F_j = \{A_1, A_2, \cdots, A_t\}$ 为其中任一条

$$A_1 \subseteq A_2 \subseteq \cdots \subseteq A_t \tag{1.3}$$

考察链

$$A_1 \subseteq A_2 \subseteq \cdots \subseteq A_t \subseteq A_t \bigcup \{n\} \tag{1.4}$$

与

$$A_1 \bigcup \{n\} \subseteq A_2 \bigcup \{n\} \subseteq \cdots \subseteq A_{t-1} \bigcup \{n\} \tag{1.5}$$

显然链(1.4)(1.5)都是 X 的对称链,设 $A \subseteq X$,则有以下两种情况:

(1) 若 $n \notin A$,那么 n 必恰在一条形如(1.3)的链中,从而也必在一条形如(1.4)的链中,但它一定不在形如(1.5)的链中.

(2) 若 $n \in A$,那么 $A - \{n\}$ 必恰在一条形如(1.3)的链中;在 $A - \{n\} = A_t$ 时,它恰在一条形如(1.4)的链中;在 $A - \{n\} \neq A_t$ 时,它恰在一条形如(1.5)的链中.

于是 X 的全部子集被分拆成若干条互不相交的对称链,显然每个对称链都含有一个 $[\frac{n}{2}]$ 元子集,所以所有不相交对称链的条数为 $C_n^{[\frac{n}{2}]}$.

我们从每条链中至多只能选出一个集合组成 S 链,故 S 链中元素个数最多为 $C_n^{[\frac{n}{2}]}$,即给出了斯潘纳尔引理的又一证明.

其实当链不是对称链时,链的条数不一定恰好等于 S 族的元素个数的最大值. 一般地,有如下定理:

Dilworth 定理 集族 $A = \{A_1, A_2, \cdots, A_p\}$, $F = \{F_1, F_2, \cdots, F_q\}$ 是 A 中的 q 条不相交链,若 $A = \bigcup\limits_{i=1}^{q} F_i$,则 $\min |F| = \max |\{A_i \mid A_i \in S\}|$.

即当集族 A 被分拆为不相交链时,所需用的最少条数为 A 中元素个数最多的 S 族的元素个数.

在 1977 年苏联大学生数学竞赛试题中也出现过斯潘纳尔引理的特例:

试题 1.4 由 10 名大学生按照下列条件组织运动队:

(1) 每个人可以同时报名参加几个运动队;

(2) 任一运动队不能完全包含在另一个队中或者与其他队重合(但允许部分地重合).

在这两个条件下,最多可以组织多少个队?各队包含多少人?

第1章 斯潘纳尔引理及 IMY 不等式

解 设 $M \triangleq \{$满足条件 (1)(2),且所含队数最多的运动队的集合$\}$,则
$$M_i \in M, |M_i| = i$$
$$r = \min\{i \mid M_i \neq \varnothing\}$$
$$s = \max\{i \mid M_i \neq \varnothing\}$$

(1) 如果 $s > 5$,设 $N \triangleq \{M_s \mid$ 去掉一名运动员所得到的一切可能的运动队$\}$,则 $|N| = s-1$,故对任意的 $A \in M_s$,都存在 $B_j \in N(1 \leqslant j \leqslant s)$,使得 $B_j \subsetneqq A(1 \leqslant j \leqslant s)$($B_j$ 是由 A 去掉 s 个人之中一个所得到的);而对每个 $B \in N$,则存在不多于 $11-s$ 个
$$A_j(1 \leqslant j \leqslant 11-s)$$
使 $B \subsetneqq A_j$(加上至多 $10-(s-1)=11-s$(个)不在 N 中的运动队中的人之一得到的运动队有可能不在 M_s 中),因此 $(11-s)|N| \geqslant s|M_s|$,故
$$|N| \geqslant \frac{s}{11-s}|M_s| \geqslant \frac{6}{5}|M_s| > |M_s|$$
$$\sum_{j=r}^{s-1}|M_j| + |N| > \sum_{j=r}^{s-1}|M_j| + |M_s|$$
$$= \sum_{j=r}^{s}|M_j| = |M|$$

下面我们证明 $M_j(r \leqslant j \leqslant s-1), N$ 都满足条件 (1)(2).满足条件(1)是显然的;再看条件(2),若存在 $X \in M_i$,且 $X \in N$,由 N 的定义知,存在一个 $Y \in M_s$,使得 $X \subsetneqq Y$,与 M 的定义矛盾. 又注意到,对任意 $P \in N, Q \in M_i$ 都有 $|P| \geqslant |Q|$,故不能有 $P \subsetneqq Q$,而这与 M 的最大性假设矛盾,故 $s \leqslant 5$.

(2) 同理可证 $r \geqslant 5$,从而 $r = s = 5$,即运动队全由 5 个人组成,由 5 个人组成的运动队有 C_{10}^5 个,显然满

足条件(1)(2),故最多有 $C_{10}^5 = 252$(个)队,每队含 5 人.

用这种方法我们还可以给出斯潘纳尔引理的另一种证法.先证一个引理.

引理 1.8 设 $X = \{1, 2, \cdots, n\}$, $A = \{A_i \mid |A_i| = k, A_i \subseteq X\}$, $B = \{B_i \mid |B_i| = k+1, B_i \subseteq X\}$,且满足:

(1) 对于每个 $B_i \in B$,一定有某个 $A_j \in A$,使得 $B_i \supseteq A_j$;

(2) 对于每个 $A_i \in A$,对所有 $B_l \supseteq A_i$,有 $B_l \in B$,则

$$|B| \geqslant \frac{n-k}{k+1} |A|$$

证明 由条件(2)可知
$$m_i = |\{B_l \mid B_l \supseteq A_i, B_l \in B, A_i \in A\}| = n - k$$
$$\sum_{i=1}^{|A|} m_i = \sum_{i=1}^{|A|} (n-k) = |A|(n-k)$$

反过来,对每个 $B_j \supseteq B$, $\max |\{A_i \mid A_i \supseteq B_j\}|$,故
$$(k+1)|B| \geqslant (n-k)|A|$$

即
$$|B| \geqslant \frac{n-k}{k+1} |A|$$

利用引理 1.8 我们有斯潘纳尔引理的如下证法:

证明 记 K_0 为 n 阶集合 X 的 S 类子集族中阶数最高的,并记 $n = 2m$(对 $n = 2m+1$ 的情形我们可类似证明).设 $F = \{A_i \mid A_i \subseteq X, |A_i| = m\}$,我们将证明 $K_0 = F$.

(1) 先证 $K_0 \subsetneq F$.

用反证法:设 K_0 中有 $r \geqslant 1$ 个元素 $A_1, A_2, \ldots, A_r$ 是 A 的 $k \geqslant m+1$ 阶子集,记
$$K_3 = \{B_i \mid |B_i| = k-1, B_i \subseteq A_j, 1 \leqslant j \leqslant r\}$$

即 K_3 也是 X 的子集族,$|K_3|=s$. 由于每个 k 阶集合皆含 k 个不同 $k-1$ 阶子集,所以 $B_1,B_2,\cdots,B_s$ 连同重复出现的次数共 kr 个,但每个 $k-1$ 阶子集可包含于 A 的 $n-(k-1)$ 个不同的 k 阶子集中,故从整体来看,$B_1,B_2,\cdots,B_s$ 连同重复出现的次数不会超过 $s(n-k+1)$ 个,因此有

$$kr \leqslant s(n-k+1) \qquad (1.6)$$

由于 $\qquad k \geqslant m+1 = \dfrac{n+2}{2} > \dfrac{n+1}{2}$

故由式(1.6)知

$$s \geqslant \frac{k}{n-k+1}r > r$$

用 $B_1,B_2,\cdots,B_s$ 取代 K_0 中的 $A_1,A_2,\cdots,A_r$ 得一新子集族 K_1,易见 K_1 仍为 S 类. 但由 $s>r$,知 $|K_1|>|K_0|$,此与 K_0 的最大性矛盾.

(2) 再证 $K_0 \supsetneqq F$.

设 K_0 中含有 $r_1 \geqslant 1$ 个 $k \leqslant m-1$ 阶的 A 的子集 $A'_1, A'_2, \cdots, A'_{r_1}$,记 $K'_1 = \{A'_1, A'_2, \cdots, A'_{r_1}\}$.

按引理 1.8 中的方式构造相应的

$$K'_2 = \{B'_1, B'_2, \cdots, B'_{s_1}\}$$

并以 $B'_1, B'_2, \cdots, B'_{s_1}$ 取代 K_0 中的 $A'_1, A'_2, \cdots, A'_{r_1}$ 得到一新子集族 K_2. 当然 K_2 也是一个 S 族,由引理 1.8 及 $k \leqslant m-1 = \dfrac{n-2}{2} < \dfrac{n-1}{2}$,知 $s_1 \geqslant \dfrac{n-k}{k+1} r_1 > r_1$,又得出 $|K_2|>|K_0|$,所以 K_0 中的元素都应为 A 的不低于 m 阶的子集,即 $K_0 \supsetneqq F$.

综合(1)(2)可知 $K_0 = F$,且

$$|F| = C_n^m = C_n^{[\frac{n}{2}]}$$

对 $n=2m+1$ 的情形,可同理证明.

Boolea 矩阵和图论证法

第 2 章

美籍朝鲜学者金基恒 1982 年出版了第一部有关 Boolea 矩阵理论和应用方面的专著 *Boolean Matrix Theory and Applications*,其中令人信服地用 Boolea 矩阵证明了其他分支的大量问题,其中我们也发现了斯潘纳尔引理的证明.下面我们就介绍这一堪称精品的证明.

斯潘纳尔引理 从 V_n 中取出一个向量集合,使得这个集合中没有任何一个向量小于另外某一个向量,这种向量集合最大的就是 $C_n^{[\frac{n}{2}]}$.

证法 1 定义 $S_{w(k)} \triangle U_m$ 中权为 k 的向量集合,构造一个函数 $g:S_{w(k)} \to S_{w(k-1)}$,$a_i \triangle v$ 中第 i 个分量以前的 0 的个数,$p \triangle \min\{\sum_{i=1}^{k} a_i(\bmod k)\}$.令 $g(v)$ 是把 v 中的第 p 个 1 改为 0 而得到

第 2 章　Boolea 矩阵和图论证法

的向量,假定 $g(v)=g(v')$,除了在一个位置上的 0 被 1 替换了以外,v 和 v' 中的每一个都与 $g(v)$ 相同.

假定这种替换在 v 中发生在 x 位置上,在 v' 中发生在 y 位置上,这样位置 y 一定是 v' 中第 p' 个 1 的位置.

记 $a_i(v) \triangleq$ 向量 v 中的第 i 个分量. 不妨设 $y>x$,则 $a_i(v)=a_i(v')$,除非 $p\leqslant i\leqslant p'$,$1+a_i(v)=a_{i-1}(v)$. 对 $p\leqslant i\leqslant p'$,有 $a_p(v)=x-p$ 及 $a'_p(v')=y-p'$.

将这些方程相加得

$$\sum_{i=1}^{k}a_i(v)+(p'-p)-(x-p)+(y-p')=\sum_{i=1}^{k}a_i(v')$$

$$\sum_{i=1}^{k}a_i(v)+y-x=\sum_{i=1}^{k}a_i(v')$$

$$x-p\equiv y-p'(\bmod k)$$

由于位置 x 是 v 中第 p 个 1 的位置,$x-p$ 是 v 中这个位置之前 0 的个数. 一个向量中第 p 个 1 以前的 0 的个数与另外向量中第 p' 个 1 以前的 0 的个数同余,这两个数的差 z 比每一个向量中位置 p 和位置 p' 之间的 0 的个数多,因而 $z\equiv 0(\bmod k)$,$1\leqslant z\leqslant n-k$,这是因为总共只有 $n-k$ 个 0,对于 $n-k<k$,这是一个矛盾,因此 g 是一一对应的.

现令 C 为向量的规模最大的一个反链,将 g 作用于 C 中权数最高的向量,只要这个权数 $k>n-k$,我们就可以得到一个新的反链,这个反链的元素个数与原来的反链相同. 重复这种"操作",我们就可以保证在反链中的一个向量的最高权数不超过 $\left[\dfrac{n}{2}\right]$. 对权数量低的那些向量应用一个与 g 对偶的函数,我们就能保

证不会出现权数小于 $\left[\frac{n}{2}\right]$ 的向量,因此 $\max |C| = C_n^{\left[\frac{n}{2}\right]}$.

近些年来随着图论的迅速发展,对许多已经给出证明的数学定理,图论专家们往往还要别出心裁地用图论的方法再给出一个证明来. 著名图论专家 Bollobás 在其 1985 年出版的名著《随机图》中用图论方法给出了斯潘纳尔引理的一个十分简单且巧妙的证明.

证法 2 设 A 是一个正则二部图,并且 V_1, V_2 是两顶点集,$|V_1| \leqslant |V_2|$,从 V_1 到 V_2 存在一个匹配,因此当 $k < \frac{n}{2}$ 和 $l < \frac{n}{2}$ 时有一个单射

$$f: Z^{(k)} \to Z^{(k+1)}$$
$$g: Z^{(l)} \to Z^{(l+1)}$$

满足 $A \subseteq f(A)$ 和 $g(B) \subseteq B$,对于 $A \in Z^{(k)}$ 和 $B \in Z^{(l)}$,这里 $Z^{(j)}$ 表示 Z 的 j 元子集,因此 Z 的所有子集能够覆盖 $C_n^{\left[\frac{n}{2}\right]}$ 条链. 由于定义每条链包含多于一个 S 族的子集,故斯潘纳尔引理正确. 证毕.

极大的无 k 个子集两两不相交的子集系的最小容量

第 3 章

设 S 是 n 元集合,$\mathscr{F}_k(s)$ 是 S 的子集系,并满足条件:

(1) 对任意 $A_1,\cdots,A_k \in \mathscr{F}_k(S)$,存在 A_i 与 A_j 使得 $A_i \cap A_j \neq \varnothing (i \neq j)$,称为无 k 个子集两两不相交的子集系,或简称为 G_{3k} 子集系;特别地,又满足:

(2) 若 $A_0 \subsetneqq S, A_0 \notin \mathscr{F}_k(S)$,则存在 $A_1,\cdots,A_{k-1} \in \mathscr{F}_k(S)$ 使得 $A_i \cap A_j = \varnothing (0 \leqslant i \neq j \leqslant k-1)$,称为极大的无 k 个子集两两不相交的子集系,或简称为极大的 G_{3k} 子集系.

在文[1]中已给出了 $\mathscr{F}_k(S)$ 的一个上界,但是,$\mathscr{F}_k(S)$ 的下界一直悬而未决. P. Erdös 和 D. Kleitman 在文[2]中问:

---

① 黄国泰.极大的无 k 个子集两两不相交的子集系的最小容量.数学研究与评价,1987,7(2):185-187.

$\mathscr{F}_k(S)$ 的最小容量等于 $2^n - 2^{n-k}$ 吗？海南大学的黄国泰教授 1984 年否定了他们的猜想，并给出 $\mathscr{F}_k(S)$ 的最小容量．

定理 3.1 $\min |\mathscr{F}_k(S)| \leqslant 2^n - 2^{n-k+1}$，其中最小运算取遍所有极大的 G_{3k} 子集系．

定理 3.2 $\min |\mathscr{F}_k(S)| = 2^n - 2^{n-k+1}$．

§1 定理 3.1 的证明

在这一节构造一极大的 G_{3k} 子集系 $\mathscr{F}'_k(S)$，具有：$|\mathscr{F}'_k(S)| = 2^n - 2^{n-k+1}$．

设 $S = \{1, 2, \cdots, n\}$ $(n \geqslant k-1)$，并记 $S_1 = \{1, \cdots, k-1\}$ 和 $S_2 = \{k, \cdots, n\}$；又以 $\mathscr{B}(S) = \{A \mid A \subsetneqq S\}$ 和 $\mathscr{B}(S_i) = \{A \mid A \subsetneqq S_i\}$ $(i=1,2)$ 分别表示 S, S_1 和 S_2 上的布尔代数．$\mathscr{B}(S_1)$ 和 $\mathscr{B}(S_2)$ 的积空间被定义为

$$\mathscr{B}(S_1) \times \mathscr{B}(S_2) = \{(x^{(1)}, x^{(2)}) \mid x^{(i)} \in \mathscr{B}(S_i), i=1,2\} \quad (3.1)$$

以 $f(A) = (A \cap S_1, A \cap S_2)$ 定义映射 $f: \mathscr{B}(S) \to \mathscr{B}(S_1) \times \mathscr{B}(S_2)$．显然，$f$ 是 $\mathscr{B}(S)$ 与 $\mathscr{B}(S_1) \times \mathscr{B}(S_2)$ 之间的序同构映射．所以，我们可以把 $\mathscr{B}(S_1) \times \mathscr{B}(S_2)$ 中的 $(x^{(1)}, x^{(2)})$ 看作 $\mathscr{B}(S)$ 中的 $x^{(1)} \cup x^{(2)}$，并把 $A \cap S_i$ $(i=1,2)$ 叫作 A 在 $\mathscr{B}(S_i)$ 上的投影，记作 $P_i(A)$．

令 $L(A^{(1)}) = \{(A^{(1)}, x^{(2)}) \mid x^{(2)} \in \mathscr{B}(S_2), A^{(1)} \in \mathscr{B}(S_1)\}$ 和

$$\mathscr{F}'_k(S) = \mathscr{B}(S_1) \times \mathscr{B}(S_2) \setminus L(\emptyset) \quad (3.2)$$

现在来证：$\mathscr{F}'_k(S)$ 是一极大的 G_{3k} 子集系．

设 $A_1, \cdots, A_k \in \mathscr{F}'_k(S)$，那么 $P_1(A_1), \cdots,$

$P_1(A_k) \in \mathscr{B}(S_1)$. 由 $|S_2| = k-1$, 存在 $P_1(A_i)$ 与 $P_1(A_j)$ 使得 $P_1(A_i) \cap P_1(A_j) \neq \varnothing$, 从而获得: $A_i \cap A_j \neq \varnothing$, 故 $\mathscr{F}'_k(S)$ 是 G_{3k} 子集系.

又设 $A_0 \in \mathscr{B}(S), A_0 \notin \mathscr{F}'_k(S)$. 由式 (3.2), $A_0 \in L(\varnothing)$. 从而,我们取 $\{1\}, \cdots, \{k-1\} \in \mathscr{F}'_k(S)$, 显然, $\{1\}, \cdots, \{k-1\}$ 与 A_0 是两两不相交的, 所以, $\mathscr{F}'_k(S)$ 也满足条件 (2). 此时, 我们获得容量为 $2^n - 2^{n-k+1}$ 的极大的 G_{3k} 子集系 $\mathscr{F}'_k(S)$. 故定理 3.1 得证.

§2 定理 3.2 的证明

要证定理 3.2, 只需证: 对任意的极大的 G_{3k} 子集系 $\mathscr{F}_k(S)$ 有

$$|\mathscr{F}_k(S)| \geq 2^n - 2^{n-k+1} \qquad (3.3)$$

我们对 $|S|$ 进行数学归纳. 当 $|S| = k-1$ 时, 仅有 $\mathscr{F}_k(S) = \mathscr{B}(S) - \{\varnothing\}$ 才是极大的 G_{3k} 子集系, 显然

$$|\mathscr{F}_k(S)| = |\mathscr{B}(S)| - 1 = 2^{k-1} - 1$$

假设 $k-1 \leq |S| < n$ 时成立, 证 $|S| = n$ 时亦然. 设 $S = \{1, 2, \cdots, n\}$, 并把 S 分为 $S_1 = \{1, \cdots, n-1\}$ 和 $S_2 = \{n\}$. 于是, 有 $\mathscr{B}(S_1)$ 与 $\mathscr{B}(S_2)$ 的积空间 $\mathscr{B}(S_1) \times \mathscr{B}(S_2) = \{(x^{(1)}, x^{(2)}) \mid x^{(i)} \in \mathscr{B}(S_i), i=1,2\}$. 令

$$\Gamma(A^{(2)}) = \{(x^{(1)}, A^{(2)}) \mid x^{(1)} \in \mathscr{B}(S_1), A^{(2)} \in \mathscr{B}(S_2)\} \qquad (3.4)$$

$$\mathscr{A} = \mathscr{F}_k(S) \cap \Gamma(\varnothing), \mathscr{B} = \mathscr{F}_k(S) \cap \Gamma(S_2)$$

$$\mathscr{B}^1 = \{P_1(B) \mid B \in \mathscr{B}\} \quad \text{和} \quad \mathscr{C} = \{C \in \mathscr{B}^1 \mid C \notin \mathscr{A}\}$$

如图 3.1 所示.

Sperner 引理

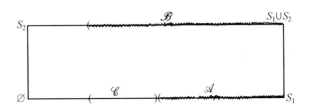

图 3.1

显然有:(1)$\mathscr{F}_k(S) = \mathscr{B} \bigcup \mathscr{A}$;

(2)$\mathscr{B}^1 = \mathscr{C} \bigcup \mathscr{A}$;

(3)$\mathscr{A}$ 是 S_1 上的 G_{3k} 子集系.

若 $\mathscr{F}$ 为极大的 G_{3k} 子集系,且 $\mathscr{F} \supsetneq \mathscr{A}$,那么称 $\mathscr{F}$ 为 $\mathscr{A}$ 导出的极大的 G_{3k} 子集系.

先证:$\mathscr{A}$ 导出的极大的 G_{3k} 子集系 $\mathscr{F}$ 的存在性. 若 $\mathscr{A}$ 为极大的 G_{3k} 子集系,则 $\mathscr{F} = \mathscr{A}$. 否则,由条件(2),存在 $A'_0 \in \mathscr{B}(S_1), A'_0 \notin \mathscr{A}$,使得对任意的 $A_1, \cdots, A_{k-1} \in \mathscr{A}$ 都存在某个 A_i 有 $A'_0 \bigcap A_i \neq \varnothing$. 此时,我们得到了新的 G_{3k} 子集系 $\mathscr{A} \bigcup \{A'_0\}$. 如 $\mathscr{A} \bigcup \{A'_0\}$ 是极大的 G_{3k} 子集系,则 $\mathscr{F} = \mathscr{A} \bigcup \{A'_0\}$. 若不然,由条件(2) 又可以找到 $A'_1 \in \mathscr{B}(S_1)$ 使得 $\mathscr{A} \bigcup \{A'_0, A'_1\}$ 是 G_{3k} 子集系. 若 $\mathscr{A} \bigcup \{A'_0, A'_1\}$ 是极大的 G_{3k} 子集系,则取 $\mathscr{F} = \mathscr{A} \bigcup \{A'_0, A'_1\}$. 否则,继续找新的 G_{3k} 子集系,由 $|S_1|$ 为有限的,故必然有一个 G_{3k} 子集系为极大的.

其次证:$\mathscr{A}$ 导出的极大的 G_{3k} 子集系 $\mathscr{F}$,必有 $\mathscr{F} \subsetneq \mathscr{B}'$. 假设存在 $A \in \mathscr{F} - \mathscr{B}'$,由 $\mathscr{B}'$ 的定义,$A \bigcup S_2 \notin \mathscr{F}_k(S)$,于是,存在 $A_1, \cdots, A_{k-1} \in \mathscr{F}_k(S)$ 使得 $A_1, \cdots, A_{k-1}$ 与 $A \bigcup S_2$ 两两不相交. 此时,有 $A_1, \cdots, A_{k-1}, A \in \mathscr{F}$,且它们是两两不相交的,与 $\mathscr{F}$ 的定义矛盾.

最后证:存在一 $\mathscr{A}$ 导出的极大的 G_{3k} 子集系 $\mathscr{F}$,具

第3章 极大的无 k 个子集两两不相交的子集系的最小容量

有

$$|\mathscr{F}| \leqslant |\mathscr{A}| + \frac{|\mathscr{C}|}{2} \qquad (3.5)$$

我们对 $\mathscr{C}$ 的基数进行归纳. 当 $|\mathscr{C}|=0$ 时,$\mathscr{A}$ 就是极大的 G_{3k} 子集系,显然,结论成立.

当 $0 \leqslant |\mathscr{C}| < t$ 成立时,证 $|\mathscr{C}|=t$ 的情况. 令 $\mathscr{A}(C_i) = \{C \in \mathscr{C} \mid$ 存在 $A_1,\cdots,A_{k-2} \in \mathscr{A}$,使得 $A_1,\cdots,A_{k-2},C$ 与 C_i 是两两不相交的$\}$,$C_i \in \mathscr{C}$,显然有:

(1) 若 $C \in \mathscr{A}(C_i)$,则 $C_i \in \mathscr{A}(C)$;

(2) 令 $\mathscr{F} - \mathscr{A} = \mathscr{C}$,且 $C \in \mathscr{C}$,$\mathscr{A}(C) \cap \mathscr{C} = \varnothing$,称 $\mathscr{C}$ 为 $\mathscr{A}$ 的可补集;

(3) $\mathscr{C}$ 为 $\mathscr{A}$ 的可补集,则 $\mathscr{C} \subsetneqq \mathscr{C}$.

设 $C^* \in \mathscr{C}$,使得 $|\mathscr{A}(C^*)| = \min\{|\mathscr{A}(C)| \mid C \in \mathscr{C}\}$,并且令,$\widetilde{\mathscr{A}}(C^*) = \{C \bigcup S_2 \mid C \in \mathscr{A}(C^*)\}$ 和 $\widetilde{\mathscr{B}}_1 = \mathscr{B} - \widetilde{\mathscr{A}}(C^*)$. 显然,$\widetilde{\mathscr{B}}_1 \bigcup \mathscr{A}$ 仍为 G_{3k} 子集系,但未必是极大的. 设 $\mathscr{F}'_1$ 为 $\widetilde{\mathscr{B}}_1 \bigcup \mathscr{A}$ 导出的极大的 G_{3k} 子集系. 记 $\mathscr{C}_1 = \mathscr{F}'_1 - \widetilde{\mathscr{B}}_1 \bigcup \mathscr{A}$,于是,$\mathscr{C}_1 \subsetneqq \mathscr{C}$. 若不然,$A \in \mathscr{C}_1 - \mathscr{C}$. 由 $\mathscr{C}$ 的定义 $A \bigcup S_2 \notin \mathscr{F}_k(S)$,存在 $A_1,\cdots,A_{k-1} \in \mathscr{F}_k(S)$ 与 $A \bigcup S_2$ 是两两不相交的,因为 $A_1,\cdots,A_{k-1}$ 与 S_2 是两两不相交的,所以,$A_1,\cdots,A_{k-1} \in \mathscr{A}$,与 $\mathscr{C}_1$ 是可补集发生冲突.

若 $C \in \mathscr{C}_1$,则 $\mathscr{A}(C) = \mathscr{A}(C^*)$,由 $\mathscr{A}(C^*)$ 是基数最小的,所以,$\mathscr{A}(C) \not\subseteq \mathscr{A}(C^*)$. 于是,假设存在 $A \in \mathscr{A}(C) - \mathscr{A}(C^*)$,由 $\mathscr{A}(C)$ 的定义,存在 $A_1,\cdots,A_{k-2} \in \mathscr{A}$,使得 $A_1,\cdots,A_{k-2},C$ 与 A 两两不相交. 而 $A \in \mathscr{A}(C^*)$,$A \bigcup S_2 \in \widetilde{\mathscr{B}}_1$. 从而得,$A_1,\cdots,A_{k-2},A \bigcup S_2$,$C \in \mathscr{F}'_1$ 是两两不相交的. 与 $\mathscr{F}'_1$ 的定义矛盾.

Sperner 引理

如果 $|\mathscr{C}_1| \leqslant |\mathscr{A}(C^*)|$,且令 $\mathscr{A}_1^* = \mathscr{F}'_1 \bigcap \Gamma(\emptyset)$, $\mathscr{B}_1^* = \mathscr{F}'_1 \bigcap \Gamma(S_2)$, $\mathscr{B}_1^{*'} = \{P_1(B) \mid B \in \mathscr{B}_1^*\}$ 和 $\mathscr{C}_1^* = \{C \in \mathscr{B}_1^{*'} \mid C \notin \mathscr{A}_1^*\}$. 又 $|\mathscr{C}_1^*| < t$. 由归纳假设,存在 $\mathscr{A}_1^*$ 的导出极大的 G_{3k} 子集系 $\mathscr{F}'_1$,具有 $|\mathscr{F}_1| \leqslant |\mathscr{A}_1^*| + \dfrac{|\mathscr{C}_1^*|}{2}$. $\mathscr{F}_1$ 也是 $\mathscr{A}$ 导出的极大 G_{3k} 子集系,由于 $|\mathscr{A}_1^*| = |\mathscr{A}| + |\mathscr{C}_1|$ 和 $|\mathscr{C}| = |\mathscr{A}(C^*)| + |\mathscr{C}_1| + |\mathscr{C}_1^*|$,所以 $|\mathscr{F}_1| \leqslant |\mathscr{A}| + \dfrac{|\mathscr{C}|}{2}$.

如果 $|\mathscr{C}_1| > |\mathscr{A}(C^*)|$,令 $\widetilde{\mathscr{C}}_1 = \{C \bigcup S_2 \mid C \in \mathscr{C}_1\}$ 和 $\widetilde{\mathscr{B}}_2 = \mathscr{B} - \widetilde{\mathscr{C}}_1$,显然,$\widetilde{\mathscr{B}}_2 \bigcup \mathscr{A}$ 仍为 G_{3k} 子集系,但未必是极大的,设 $\mathscr{F}'_2$ 为 $\widetilde{\mathscr{B}}_2 \bigcup \mathscr{A}$ 导出的极大的 G_{3k} 子集系,可补集 $\mathscr{C}_2 = \mathscr{F}'_2 - (\widetilde{\mathscr{B}}_2 \bigcup \mathscr{A}) \subsetneqq \mathscr{C}$,且 $\mathscr{C}_2 \subsetneqq \mathscr{A}(C^*)$. 第一个包含式子在前面证过. 下面证第二个包含式子,假设 $A \in \mathscr{C}_2 \mid \mathscr{A}(C^*)$,由 $C \in \mathscr{C}_2$,蕴涵 $\mathscr{A}(C) \subsetneqq \mathscr{C}_1$,取 $C' \in \mathscr{A}(A)$,有 $A \in \mathscr{A}(C')$,所以 $\mathscr{A}(C') \neq \mathscr{A}(C^*)$. 这与前面证过的结论:"$C \in \mathscr{C}_1$,则 $\mathscr{A}(C) = \mathscr{A}(C^*)$" 发生矛盾.

令
$$\mathscr{B}_2^* = \mathscr{F}'_2 \bigcap \Gamma(S_2), \mathscr{B}_2^{*'} = \{P_1(B) \mid B \in \mathscr{B}_2^*\}$$
$$\mathscr{A}_2^* = \mathscr{F}'_2 \bigcap \Gamma(\emptyset), \mathscr{C}_2^* = \{C \in \mathscr{B}_2^{*'} \mid C \notin \mathscr{A}_2^*\}$$

且 $|\mathscr{C}_2^*| < T$. 由归纳假定,存在 $\mathscr{A}_2^*$ 的导出极大的 G_{3k} 子集系 $\mathscr{F}_2$,具有 $|\mathscr{F}_2| \leqslant |\mathscr{A}_2^*| + \dfrac{|\mathscr{C}_2^*|}{2}$. 显见,$\mathscr{F}_2$ 也是 $\mathscr{A}$ 导出的极大 G_{3k} 子集系. 由 $|\mathscr{A}_2^*| = |\mathscr{A}| + |\mathscr{C}_2|$ 和 $|\mathscr{C}| = |\mathscr{C}_1| + |\mathscr{C}_2| + |\mathscr{C}_2^*|$,有 $|\mathscr{F}_2| \leqslant |\mathscr{A}| + \dfrac{|\mathscr{C}|}{2}$.

这就证明了最后的结论.

第 3 章　极大的无 k 个子集两两不相交的子集系的最小容量

由最后结论及归纳假设有

$$|\mathscr{F}_k(S)| = |\mathscr{A}| + |\mathscr{B}| \geqslant 2|\mathscr{A}| + |\mathscr{C}|$$
$$\geqslant 2(|\mathscr{A}| + \frac{|\mathscr{C}|}{2})$$
$$\geqslant 2|\mathscr{F}| \geqslant 2^n - 2^{n-k+1}$$

我们获得了定理 3.2 的证明.

Katona 和 Kleitman 定理的推广[①]

第 4 章

海南大学的黄国泰教授 1984 年给出 Katona-Kleitman 定理的推广定理：设 S 为 n 元集合，$S_1,\cdots,S_k$ 为 S 的 k 分划．又设 $\mathscr{F}$ 为 S 的子集系，不存在 $A,B\in\mathscr{F}$，满足：对某个 S_i 有 $S_i\cap A=S_i\cap B$，且对所有 $S_j(1\leqslant i\neq j\leqslant k)$ 有 $S_j\cap A\subsetneqq S_j\cap B$，那么 $|\mathscr{F}|\leqslant\begin{bmatrix}n\\ \left[\dfrac{n}{2}\right]\end{bmatrix}$．在本章我们还获得：设 $\mathscr{F}$ 为 S 的子集系，满足 Katona-Kleitman 定理的推广定理的条件，并且对任意 $A,B\in\mathscr{F}$，有 $A\cap B\neq\varnothing$ 和 $A\cup B\neq S$，则 $|\mathscr{F}|\leqslant\begin{bmatrix}n-1\\ \left[\dfrac{n-1}{2}\right]\end{bmatrix}$．

[①] 黄国泰. Katona 和 Kleitman 定理的推广. 数学年刊,1987,8A(3):413-419.

第 4 章　Katona 和 Kleitman 定理的推广

Katona 和 Kleitman 分别在文[3]和文[4]中独立地证明了如下定理:

设 S 是 n 元集合,S_1 和 S_2 是 S 的二分划(即 $S_1 \cap S_2 = \emptyset$,$S_1 \cup S_2 = S$),$\mathscr{F}$ 是 S 的子集系,使得设有 $A, B \in \mathscr{F}$,满足下述条件之一:

(1) $A \cap S_1 = B \cap S_1$,且 $A \cap S_2 \subseteq B \cap S_2$;

(2) $A \cap S_1 \subseteq B \cap S_1$,且 $A \cap S_2 = B \cap S_2$;

则 $|\mathscr{F}| \leqslant \begin{pmatrix} n \\ \left[\dfrac{n}{2}\right] \end{pmatrix}$,其中 $\left[\dfrac{n}{2}\right]$ 表示不大于 $\dfrac{n}{2}$ 的最大整数.

这一定理的推广引起了不少人的兴趣,可是,一直未被解决(见文献[5-7]).本章的主要结果就是这一定理的推广.

§1　主　要　结　果

定理 4.1　设 S 是 n 元集合,$S_1, S_2, \cdots, S_k$ 是 S 的 k 分划(即 $S_i \cap S_j = \emptyset$,$i \neq j$,$\bigcup\limits_{i=1}^{n} S_i = S$),$\mathscr{F}$ 是 S 的子集系,使得设有 $A, B \in \mathscr{F}$ 满足:

存在某个 S_i 有 $A \cap S_i = B \cap S_i$,而对所有 S_j $(j \neq i)$ 有 $A \cap S_j \subsetneq B \cap S_j$,则

$$|\mathscr{F}| \leqslant \begin{pmatrix} n \\ \left[\dfrac{n}{2}\right] \end{pmatrix}$$

定理的证明:

我们首先叙述一些证明中所需要的结论[6,7].

设 $\mathcal{D} = \{(x_1, \cdots, x_t) \mid 0 \leqslant x_i \leqslant a_i, i = 1, \cdots, t\}$

和

$$S_m^l = \Big| \{(x_1, \cdots, x_t) \mid (x_1, \cdots, x_t) \in \mathcal{D}, \sum_{i=1}^t x_i = l\} \Big|$$

其中

$$m = \sum_{i=1}^t a_i$$

从而有:

(1) $S_m^l = S_m^{m-l} (0 \leqslant l \leqslant m)$;

(2) $S_m^l \leqslant S_m^{l+1}, l+1 \leqslant \left[\dfrac{m}{2}\right]$;

(3) 设 $\mathcal{D}^1$ 是 $\mathcal{D}$ 的子集,且 $\mathcal{D}^1$ 不包含长度大于 h 的链 (即如果 $(x_1^{(0)}, \cdots, x_t^{(0)})$, $(x_1^{(1)}, \cdots, x_t^{(1)}), \cdots, (x_1^{(h+1)}, \cdots, x_t^{(h+1)}) \in \mathcal{D}^1$, 那么存在 $(x_1^{(i)}, \cdots, x_t^{(i)})$ 和 $(x_1^{(j)}, \cdots, x_t^{(j)}) (0 \leqslant i \neq j \leqslant k+1)$ 使得 $(x_1^{(i)}, \cdots, x_t^{(i)}) \geqslant (x_1^{(j)}, \cdots, x_t^{(j)})$, 或 $(x_1^{(i)}, \cdots, x_t^{(i)}) \leqslant (x_1^{(j)}, \cdots, x_t^{(j)}))$, 则 $|\mathcal{D}^1| \leqslant h+1$ 个最大的 S_m^l 的和,其中

$$(x_1, \cdots, x_t) < (x'_1, \cdots, x'_t) \leftrightarrow x_i \leqslant x'_i \quad (i = 1, \cdots, t)$$

现在,我们叙述定理的证明:

设 $\mathcal{B}(S) = \{A \mid A \subsetneq S\}$ 和

$\mathcal{B}(S_i) = \{A \mid A \subsetneq S_i\} \quad (i = 1, \cdots, k)$

分别为 S 和 $S_i (i = 1, 2, \cdots, k)$ 的布尔代数,并以

$\mathcal{B}(S_1) \times \cdots \times \mathcal{B}(S_k)$

$= \{(x^{(1)}, \cdots, x^{(k)}) \mid x^{(i)} \in \mathcal{B}(S_i), i = 1, \cdots, k\}$

定义 $\mathcal{B}(S_1), \cdots, \mathcal{B}(S_k)$ 的笛卡儿 (Descartes) 积.

若用 $f(A) = (A \cap S_1, \cdots, A \cap S_k)$ 定义映射

$f : \mathcal{B}(S) \to \mathcal{B}(S_1) \times \cdots \times \mathcal{B}(S_k)$

如果以 S 的子集的包含关系定义 $\mathcal{B}(S)$ 的序关系;
又 $\mathcal{B}(S_1) \times \cdots \times \mathcal{B}(S_k)$ 的序关系定义为:

若 $(x_1^{(1)},\cdots,x_1^{(k)}),(x_2^{(1)},\cdots,x_2^{(k)}) \in \mathscr{B}(S_1)\times\cdots\times\mathscr{B}(S_k)$,则

$$(x_1^{(1)},\cdots,x_1^{(k)}) \subseteq (x_2^{(1)},\cdots,x_2^{(k)})$$
$$\leftrightarrow x_1^{(i)} \subsetneqq x_2^{(i)} \quad (i=1,\cdots,k)$$

显然,f 是 $\mathscr{B}(S)$ 与 $\mathscr{B}(S_1)\times\cdots\times\mathscr{B}(S_k)$ 之间的序同构映射.

设 $\{A_0^{(i)},\cdots,A_h^{(i)}\} \subseteq \mathscr{B}(S_i)(i=1,\cdots,k)$ 且满足:

(1) $|A_0^{(i)}|+|A_k^{(i)}|=|S_i|$;

(2) $A_0^{(i)} \subseteq \cdots \subseteq A_h^{(i)}$;

(3) $|A_{j+1}^{(i)}|=|A_j^{(i)}|+1(j=0,\cdots,h-1)$.

称 $\{A_0^{(i)},\cdots,A_h^{(i)}\}$ 为 S_i 的对称链.

由对称链的分解定理[6],有

$$\mathscr{B}(S_i)=\mathscr{C}_1^{(i)} \bigcup \cdots \bigcup \mathscr{C}_{t_i}^{(i)} \quad (i=1,\cdots,k)$$

其中 $\mathscr{C}_j^{(i)}$ 是 S_i 的对称链,且 $\mathscr{C}_l^{(i)} \bigcap \mathscr{C}_j^{(i)} = \varnothing (l \neq j)$. 于是,我们有

$$\mathscr{B}(S_1)\times\cdots\times\mathscr{B}(S_k) = \bigcup_{\substack{1\leqslant j_i \leqslant t_i \\ 1\leqslant i\leqslant k}} \mathscr{C}_{j_1}^{(1)}\times\cdots\times\mathscr{C}_{j_k}^{(k)}$$

显然,如果 $(j_1,\cdots,j_k) \neq (i_1,\cdots,i_k)$,则

$$\mathscr{C}_{j_1}^{(1)}\times\cdots\times\mathscr{C}_{j_k}^{(k)} \bigcap \mathscr{C}_{i_1}^{(1)}\times\cdots\times\mathscr{C}_{i_k}^{(k)} = \varnothing$$

记

$$\mathscr{B}^* = \left\{(A\bigcap S_1,\cdots,A\bigcap S_k) \mid A\in\mathscr{B}(S), |A|=\left[\frac{n}{2}\right]\right\}$$

其中 $\left[\dfrac{n}{2}\right]$ 表示不小于 $\dfrac{n}{2}$ 的最小整数.

$$\mathscr{F}(j_1,\cdots,j_k) = \mathscr{F}^* \bigcap \mathscr{C}_{j_1}^{(1)}\times\cdots\times\mathscr{C}_{j_k}^{(k)}$$
$$\mathscr{B}(j_1,\cdots,j_k) = \mathscr{B}^* \bigcap \mathscr{C}_{j_1}^{(1)}\times\cdots\times\mathscr{C}_{j_k}^{(k)}$$

此时,有

$$|\mathscr{F}|=|\mathscr{F}^*|=|\mathscr{F}^* \bigcap (\bigcup_{\substack{1\leqslant j_i \leqslant t_i \\ 1\leqslant i\leqslant k}} \mathscr{C}_{j_1}^{(1)}\times\cdots\times\mathscr{C}_{j_k}^{(k)})|$$

Sperner 引理

$$= \sum_{\substack{1 \leqslant j_i \leqslant t_i \\ 1 \leqslant i \leqslant k}} |\mathscr{F}(j_1,\cdots,j_k)|$$

于是,如果

$$|\mathscr{F}(j_1,\cdots,j_k)| \leqslant |\mathscr{B}(j_1,\cdots,j_k)|$$

则有

$$|\mathscr{F}| = \sum_{\substack{1 \leqslant j_i \leqslant t_i \\ 1 \leqslant i \leqslant k}} |\mathscr{F}(j_1,\cdots,j_k)|$$

$$\leqslant \sum_{\substack{1 \leqslant j_i \leqslant t_i \\ 1 \leqslant i \leqslant k}} |\mathscr{B}(j_1,\cdots,j_k)|$$

$$= |\bigcup_{\substack{1 \leqslant j_i \leqslant t_i \\ 1 \leqslant i \leqslant k}} \mathscr{B}^* \cap \mathscr{C}_{j_1}^{(1)} \times \cdots \times \mathscr{C}_{j_k}^{(k)}|$$

$$= |\mathscr{B}^* \cap (\bigcup_{\substack{1 \leqslant j_i \leqslant t_i \\ 1 \leqslant i \leqslant k}} \mathscr{C}_{j_1}^{(1)} \times \cdots \times \mathscr{C}_{j_k}^{(k)})|$$

$$= |\mathscr{B}^*| = |\mathscr{B}| = \begin{Bmatrix} n \\ \left\{\dfrac{n}{2}\right\} \end{Bmatrix} = \begin{bmatrix} n \\ \left[\dfrac{n}{2}\right] \end{bmatrix}$$

证毕.

因此,我们只要证:$|\mathscr{F}(j_1,\cdots,j_k)| \leqslant |\mathscr{B}(j_1,\cdots,j_k)|$.

这样我们只考虑 $\mathscr{C}_{j_1}^{(1)} \times \cdots \times \mathscr{C}_{j_k}^{(k)}$,不失一般性,令 $\mathscr{C}_{j_i}^{(i)} = \{A_0^{(i)},\cdots,A_{h_i}^{(i)}\}$,具有 $A_0^{(i)} \subseteq \cdots \subseteq A_{h_i}^{(i)}$,$i=1,\cdots,k$;并设 $h_1 \leqslant \cdots \leqslant h_k$(否则,通过重新排列下标获得).

引理 4.1 设 $\mathscr{F}(A^{(k)}) = \{(x^{(1)},\cdots,x^{(k-1)},A^{(k)}) \in \mathscr{F}(j_1,\cdots,j_k) \mid x^{(i)} \in \mathscr{C}_{j_i}^{(i)}, i=1,\cdots,k-1\}, A^{(k)} \in \mathscr{C}_{j_k}^{(k)}$,那么 $\mathscr{F}(A^{(k)})$ 是反链(即如果 $(x_1^{(1)},\cdots,x_1^{(k-1)},A^{(k)})$,$(x_2^{(1)},\cdots,x_2^{(k-1)},A^{(k)}) \in \mathscr{F}(A^{(k)})$,则 $(x_1^{(1)},\cdots,x_1^{(k-1)}, A^{(k)}) \not\subseteq (x_2^{(1)},\cdots,x_2^{(k-1)},A^{(k)})$.

证明 设存在 $(x_1^{(1)},\cdots,x_1^{(k-1)},A^{(k)})$,$(x_2^{(1)},\cdots,x_2^{(k-1)},A^{(k)}) \in \mathscr{F}(A^{(k)})$,且

$$(x_1^{(1)},\cdots,x_1^{(k-1)},A^{(k)}) \subseteq (x_2^{(1)},\cdots,x_2^{(k-1)},A^{(k)})$$

由序的定义有
$$x_1^{(i)} \subsetneqq x_2^{(i)} \quad (i=1,\cdots,k-1)$$

从而有 $x_1^{(i)} = (x_1^{(1)} \bigcup \cdots \bigcup x_1^{(k-1)} \bigcup A^{(k)}) \bigcap S_i \subsetneqq (x_2^{(1)} \bigcup \cdots \bigcup x_2^{(k-1)} \bigcup A^{(k)}) \bigcap S_i = x_2^{(i)}, i=1,\cdots,k-1$, 且 $(x_1^{(1)} \bigcup \cdots \bigcup x_1^{(k-1)} \bigcup A^{(k)}) \bigcap S_k = (x_2^{(1)} \bigcup \cdots \bigcup x_2^{(k-1)} \bigcup A^{(k)}) \bigcap S_k = A^{(k)}$.

但
$$\mathscr{F}(A^{(k)}) \subseteq \mathscr{F}(j_1,\cdots,j_k) \subseteq \mathscr{F}^*$$

发生矛盾. 所以引理 4.1 得证.

引理 4.2 设 $\mathscr{P}(k) = \{(x^{(1)},\cdots,x^{(k-1)}) \mid (x^{(1)},\cdots,x^{(k-1)}, x^{(k)}) \in \mathscr{F}(j_1,\cdots,j_k)\}$, 则 $\mathscr{P}(k)$ 不能有长度大于 h_k 的链 (即若 $(x_0^{(1)},\cdots,x_0^{(k-1)}),\cdots,(x_{h_k+1}^{(1)},\cdots,x_{h_k+1}^{(k-1)}) \in \mathscr{P}(k)$, 则存在 $(x_i^{(1)},\cdots,x_i^{(k-1)})$ 和 $(x_j^{(1)},\cdots,x_j^{(k-1)})$ $(0 \leqslant i \neq j \leqslant h_k+1)$ 使得 $(x_i^{(1)},\cdots,x_i^{(k-1)}) \nsubseteq (x_j^{(1)},\cdots,x_j^{(k-1)})$).

证明 假设存在 $(x_0^{(1)},\cdots,x_0^{(k-1)}),\cdots,(x_{h_k+1}^{(1)},\cdots,x_{h_k+1}^{(k-1)}) \in \mathscr{P}(k)$, 且 $(x_0^{(1)},\cdots,x_0^{(k-1)}) \subseteq \cdots \subseteq (x_{h_k+1}^{(1)},\cdots,x_{h_k+1}^{(k-1)})$.

又由 $|\mathscr{C}_{j_k}^{(k)}| = h_k+1$ 以及鸽子洞原理 (抽屉原理). 存在 $(x_i^{(1)},\cdots,x_i^{(k-1)}), (x_j^{(1)},\cdots,x_j^{(k-1)})$ $(0 \leqslant i \neq j \leqslant h_k+1)$ 和 $A_l^{(k)} (\in \mathscr{C}_{j_k}^{(k)})$, 使得 $(x_i^{(1)},\cdots,x_i^{(k-1)},A_l^{(k)})$, $(x_j^{(1)},\cdots,x_j^{(k-1)},A_l^{(k)}) \in \mathscr{F}(A_i^{(k)})$, 且 $(x_i^{(1)},\cdots,x_i^{(k-1)},A_l^{(k)}) \subseteq (x_j^{(1)},\cdots,x_j^{(k-1)},A_i^{(k)})$. 与引理 4.1 矛盾. 故引理 4.2 证完.

引理 4.3 $\mathscr{C}_{j_1}^{(1)} \times \cdots \times \mathscr{C}_{j_{k-1}}^{(k-1)} \cong \mathscr{D}$.

其中 $\mathscr{D} = \{(x_1,\cdots,x_{k-1}) \mid 0 \leqslant x_i \leqslant h_i, i=1,\cdots,k-1\}$ 和 "$\cong$" 表示序同构.

Sperner 引理

证明 由对称链的定义和 $\mathscr{C}_{j_i}^{(i)}(i=1,\cdots,k)$ 的约定得：$|A_l^{(i)}|=|A_0^{(i)}|+l(0\leqslant l\leqslant h_i)$，以

$$g[(x^{(1)},\cdots,x^{(k-1)})]$$
$$=(|x^{(1)}|-|A_0^{(1)}|,\cdots,|x^{(k-1)}|-|A_0^{(k-1)}|)$$

定义映射

$$g:\mathscr{C}_{j_1}^{(1)}\times\cdots\times\mathscr{C}_{j_{k-1}}^{(k-1)}\to\mathscr{D}$$

则 g 是 $\mathscr{C}_{j_1}^{(1)}\times\cdots\times\mathscr{C}_{j_{k-1}}^{(k-1)}$ 到 $\mathscr{D}$ 的序同构映射. 所以有

$$\mathscr{C}_{j_1}^{(1)}\times\cdots\times\mathscr{C}_{j_{k-1}}^{(k-1)}\cong\mathscr{D}$$

记 $\mathscr{A}^{(l)}=\{(x^{(1)},\cdots,x^{(k-1)})\in\mathscr{C}_{j_1}^{(l)}\times\cdots\times\mathscr{C}_{j_{k-1}}^{(k-1)}|$

$$\sum_{i=1}^{k-1}|x^{(i)}|=l+\sum_{i=1}^{k-1}|A_0^{(i)}|\}.$$

由引理 4.3 有

$$|\mathscr{A}^l|=S_m^l\Big|\Big(\sum_{i=1}^{k-1}h_i=m\Big)$$

引理 4.4 $|\mathscr{P}(k)|=|\mathscr{F}(j_1,\cdots,j_k)|.$

证明 我们定义映射

$$\rho:\mathscr{F}(j_1,\cdots,j_k)\to\mathscr{P}(k)$$

满足

$$\rho[(x^{(1)},\cdots,x^{(k-1)},x^{(k)})]=(x^{(1)},\cdots,x^{(k-1)})$$

今证 ρ 是一一的满射. 由 $\mathscr{P}(k)$ 的定义, ρ 是满的是明显的. 从而我们只需证 ρ 是一一的.

设

$$(x_1^{(1)},\cdots,x_1^{(k-1)},x_1^{(k)})\neq(x_2^{(1)},\cdots,x_2^{(k-1)},x_2^{(k)})$$

而

$$(x_1^{(1)},\cdots,x_1^{(k-1)})=(x_2^{(1)},\cdots,x_2^{(k-1)})$$

此时, 有

$$(x_1^{(1)}\bigcup\cdots\bigcup x_1^{(k)})\bigcap S_i$$
$$=(x_2^{(1)}\bigcup\cdots\bigcup x_2^{(k)})\bigcap S_i\quad(i=1,\cdots,k-1)$$

第 4 章 Katona 和 Kleitman 定理的推广

且
$$(x_1^{(1)} \bigcup \cdots \bigcup x_1^{(k)}) \bigcap S_k$$
$$(x_2^{(1)} \bigcup \cdots \bigcup x_2^{(k)}) \bigcap S_k \in \mathscr{C}_{j_k}^{(k)}$$

亦即
$$(x_1^{(1)} \bigcup \cdots \bigcup x_1^{(k)}) \bigcap S_k \subseteq (x_2^{(1)} \bigcup \cdots \bigcup x_2^{(k)}) \bigcap S_k$$

但 $\mathscr{F}(j_1, \cdots, j_k) \subseteq \mathscr{F}^*$,从而引出矛盾. 引理 4.4 获证.

由引理 4.2,4.3,4.4 以及 32 页结论 (3) 有 $|\mathscr{F}(j_1, \cdots, j_k)| \leqslant h_k + 1$ 个最大的 S_m^l 的和.

我们又记
$$\mathscr{T} = \Big\{ (x^{(1)}, \cdots, x^{(k-1)}) \in \mathscr{C}_{j_1}^{(1)} \times \cdots \times \mathscr{C}_{j_{k-1}}^{(k-1)} \Big|$$
$$\Big[\frac{m}{2}\Big] - \Big[\frac{h_k}{2}\Big] \leqslant \sum_{i=1}^{k-1} (|x^{(i)}| - |A_0^{(i)}|) \leqslant \Big[\frac{m}{2}\Big] + \Big[\frac{h_k}{2}\Big] \Big\}$$

显见,$\mathscr{T} = \mathscr{A}(\big[\frac{m}{2}\big] - \big[\frac{h_k}{2}\big]) \bigcup \cdots \bigcup \mathscr{A}(\big[\frac{m}{2}\big] + \big[\frac{h_k}{2}\big])$

由 32 页结论(1)(2) 和引理 4.3 得
$$|\mathscr{T}| = S_m^{\big[\frac{m}{2}\big] - \big[\frac{h_k}{2}\big]} + \cdots + S_m^{\big[\frac{m}{2}\big] + \big[\frac{h_k}{2}\big]} = h_k + 1$$

个最大的 S_m^l 的和. 从而获得 $|\mathscr{F}(j_1, \cdots, j_k)| \leqslant |\mathscr{T}|$.

下面分两种情形证 $|\mathscr{T}| \leqslant |\mathscr{B}(j_1, \cdots, j_k)|$.

情形 1 当 $\Big[\frac{m}{2}\Big] + \Big[\frac{h_k}{2}\Big] = \Big\{\frac{m+h_k}{2}\Big\}$ 时,令
$$A^{\big[\frac{m}{2}\big] - \big[\frac{h_k}{2}\big] + i}$$
$$= \{(x^{(1)}, \cdots, x^{(k-1)}, A_{h_k-i}^{(k)}) \mid$$
$$(x^{(1)}, \cdots, x^{(k-1)}) \in \mathscr{A}(\big[\tfrac{m}{2}\big] - \big[\tfrac{h_k}{2}\big] + i)\}$$

其中 $i = 0, \cdots, h_k$. 显然
$$A^{\big[\frac{m}{2}\big] - \big[\frac{h_k}{2}\big] + i} = |\mathscr{A}(\big[\tfrac{m}{2}\big] - \big[\tfrac{h_k}{2}\big] + i)|$$

今证
$$A^{\big[\frac{m}{2}\big] - \big[\frac{h_k}{2}\big] + i} \subseteq \mathscr{B}(j_1, \cdots, j_k) \quad (i = 0, \cdots, h_k)$$

因为
$$(x^{(1)},\cdots,x^{(k-1)},A^{(k)}_{h_k-i}) \in A^{\left[\frac{m}{2}\right]-\left[\frac{h_k}{2}\right]+i}$$
有
$$\sum_{i=1}^{k-1} |x^{(i)}| + |A^{(k)}_{h_k-i}|$$
$$= \left(\left[\frac{m}{2}\right]-\left[\frac{h_k}{2}\right]+i+\sum_{i=1}^{k-1}|A_0^{(i)}|\right)+(|A_0^{(k)}|+h_k-i)$$
$$= \left[\frac{m}{2}\right]+\left\{\frac{h_k}{2}\right\}+\sum_{i=1}^{k}|A_0^{(i)}|$$
$$= \left\{\frac{m+h_k+2\sum_{i=1}^{k}|A_0^{(i)}|}{2}\right\}$$
$$= \left\{\frac{\sum_{i=1}^{k}[(h_i+|A_0^{(i)}|)+|A_0^{(i)}|]}{2}\right\}$$
$$= \left\{\frac{\sum_{i=1}^{k}|A_{h_i}^{(i)}|+|A_0^{(i)}|}{2}\right\}$$
$$= \left\{\frac{n}{2}\right\}$$
所以
$$A^{\left[\frac{m}{2}\right]-\left[\frac{h_k}{2}\right]+i} \subseteq \mathscr{B}(j_1,\cdots,j_k) \quad (i=0,\cdots,h_k)$$
从而有
$$\bigcup_{i=0}^{h_k} A^{\left[\frac{m}{2}\right]-\left[\frac{h_k}{2}\right]+i} \subsetneqq \mathscr{B}(j_1,\cdots,j_k)$$
故得
$$|\mathscr{T}|=\left|\bigcup_{i=1}^{k} A^{\left[\frac{m}{2}\right]-\left[\frac{h_k}{2}\right]+i}\right| \leqslant |\mathscr{B}(j_1,\cdots,j_k)|$$

情形 2 当 $\left[\frac{m}{2}\right]+\left[\frac{h_k}{2}\right]+1=\left\{\frac{m+h_k}{2}\right\}$ 时,令

第 4 章　Katona 和 Kleitman 定理的推广

$$\mathcal{T}' = \Big\{ (x^{(1)}, \cdots, x^{(k-1)}) \in \mathscr{C}_{j_1}^{(1)} \times \cdots \times \mathscr{C}_{j_{k-1}}^{(k-1)} \mid$$

$$\Big\{\frac{m}{2}\Big\} - \Big\{\frac{h_k}{2}\Big\} \leqslant$$

$$\sum_{i=1}^{k-1} (\mid x^{(i)} \mid - \mid A_0^{(i)} \mid) \leqslant$$

$$\Big\{\frac{m}{2}\Big\} + \Big[\frac{h_k}{2}\Big] \Big\}$$

由数论知识知，$\Big[\dfrac{m}{2}\Big] + \Big\{\dfrac{h_k}{2}\Big\} + 1 = \Big\{\dfrac{m+h_k}{2}\Big\} \leftrightarrow m$ 是奇数，h_k 为偶数.

因为 m 为奇数，有 $S_m^{\big[\frac{m}{2}\big]} = S_m^{m - \big[\frac{m}{2}\big]} = S_m^{\big\{\frac{m}{2}\big\}}$，又 h_k 为偶数，有

$$\Big\{\frac{h_k}{2}\Big\} = \Big[\frac{h_k}{2}\Big] = \frac{h_k}{2}$$

从而得

$$\mid \mathcal{T} \mid = S_m^{\big[\frac{m}{2}\big] - \big[\frac{h_k}{2}\big]} + \cdots + S_m^{\big[\frac{m}{2}\big] + \big\{\frac{h_k}{2}\big\}}$$
$$= S_m^{\big\{\frac{m}{2}\big\} - \big\{\frac{h_k}{2}\big\}} + \cdots + S_m^{\big\{\frac{m}{2}\big\} + \big[\frac{h_k}{2}\big]} = \mid \mathcal{T}' \mid$$

又令

$$A^{\big\{\frac{m}{2}\big\} - \big\{\frac{h_k}{2}\big\} + i} = \{(x^{(1)}, \cdots, x^{(k-1)}, A_{h_k - i}^{(k)}) \mid$$
$$(x^{(1)}, \cdots, x^{(k-1)}) \in$$
$$\mathscr{A}^{\big(\big\{\frac{m}{2}\big\} - \big\{\frac{h_k}{2}\big\} + i\big)}\} (i = 0, \cdots, h_k)$$

因为任意的

$$(x^{(1)}, \cdots, x^{(k-1)}, A_{h_k - i}^{(k)}) \in A^{\big\{\frac{m}{2}\big\} - \big\{\frac{h_k}{2}\big\} + i}$$

有

$$\sum_{i=1}^{k-1} \mid x^{(i)} \mid + \mid A_{h_k - i}^{(k)} \mid$$
$$= \Big(\Big\{\frac{m}{2}\Big\} - \Big\{\frac{h_k}{2}\Big\} + i + \sum_{i=1}^{k-1} \mid A_0^{(i)} \mid\Big) +$$

Sperner 引理

$$(|A_0^{(k)}|+h_k-i)$$
$$=\left\{\frac{m}{2}\right\}+\frac{h_k}{2}+\sum_{i=1}^{k}|A_0^{(i)}|$$
$$=\left[\frac{m}{2}\right]+1+\frac{h_k}{2}+\sum_{i=1}^{k}|A_0^{(i)}|$$
$$=\left\{\frac{m+h_k}{2}\right\}+\sum_{i=1}^{k}|A_0^{(i)}|$$
$$=\left\{\frac{m+h_k+2\sum_{i=1}^{k}|A_0^{(i)}|}{2}\right\}$$
$$=\left\{\frac{\sum_{i=1}^{k}[(h_i+|A_0^{(i)}|)+|A_0^{(i)}|]}{2}\right\}$$
$$=\left\{\frac{\sum_{i=1}^{k}(|A_{h_i}^{(i)}|+|A_0^{(i)}|)}{2}\right\}=\left\{\frac{n}{2}\right\}$$

所以
$$A^{\{\frac{m}{2}\}-\{\frac{h_k}{2}\}+i}\subseteq \mathcal{B}(j_1,\cdots,j_k)\quad(i=0,\cdots,h_k)$$
从而得到 $|\mathcal{T}'|\leqslant \mathcal{B}(j_1,\cdots,j_k)$.

由数论知识知，$\left\{\frac{m+h_k}{2}\right\}$ 或者等于 $\left[\frac{m}{2}\right]+\left\{\frac{h_k}{2}\right\}$，或者等于 $\left[\frac{m}{2}\right]+\left\{\frac{h_k}{2}\right\}+1$，因此，综合上述情形 1 和情形 2 得到 $|\mathcal{T}|\leqslant|\mathcal{B}(j_1,\cdots,j_k)|$.

由
$$|\mathcal{F}(j_1,\cdots,j_k)|\leqslant|\mathcal{T}|\leqslant|\mathcal{B}(j_1,\cdots,j_k)|$$
我们完成了定理的证明.

第 4 章 Katona 和 Kleitman 定理的推广

§2 推 论

推论 设 S 为 n 元集合，$S_1,\cdots,S_k$ 为 S 的 k 分划，又设 $\mathscr{F}$ 为相交系，满足条件：

(1) $A,B \in \mathscr{F}$，则 $A \cup B \neq S$；

(2) 设有 $A,B \in \mathscr{F}$，存在某个 S_i，使得
$$A \cap S_i = B \cap S_i$$
而对所有 $S_j(1 \leqslant i \neq j \leqslant k)$ 有 $A \cap S_j \subsetneqq B \cap S_j$，则
$$|\mathscr{F}| \leqslant \binom{n-1}{\left[\frac{n-1}{2}\right]}$$

证明 不妨设 $S_k \neq \varnothing$，取 $a \in S_k$，令 $S'_2 = \{a\}$，$S'_1 = S - \{a\}$. 于是
$$\mathscr{B}(S) \cong \mathscr{B}(S'_1) \times \mathscr{B}(S'_2)$$

令
$$\Gamma(A^{(2)}) = \{(x^{(1)},A^{(2)}) \mid x^{(1)} \in \mathscr{B}(S'_1), A^{(2)} \in \mathscr{B}(S'_2)\}$$
于是
$$\mathscr{B}(S'_1) \times \mathscr{B}(S'_2) = \bigcup_{A^{(2)} \in \mathscr{B}(S'_1)} \Gamma(A^{(2)}) = \Gamma(\varnothing^{(2)}) \cup \Gamma(S'_2)$$
其中 $\varnothing^{(2)}$ 表示 $\mathscr{B}(S'_2)$ 中空集.

又令
$$\mathscr{A} = \mathscr{F}^* \cap \Gamma(\varnothing^{(2)}) \quad \text{和} \quad \mathscr{B} = \mathscr{F}^* \cap \Gamma(S'_2)$$
其中
$$\mathscr{F}^* = \{(x^{(1)},x^{(2)}) \mid x^{(1)} = A \cap S'_1, x^{(2)} = A \cap S'_2, A \in \mathscr{F}\}$$
此时，有
$$\mathscr{F}^* = \mathscr{A} \cup \mathscr{B}$$

Sperner 引理

令 $\overline{\mathscr{A}} = \{(x^{(1)}, \varnothing^{(2)}) \mid $ 存在 $(y^{(1)}, \varnothing^{(2)}) \in \mathscr{A}$ 使得 $x^{(1)} = S'_1 - y^{(1)}\}$ 和

$$\mathscr{B}' = \{(x^{(1)}, \varnothing^{(2)}) \mid (x^{(1)}, S'_2) \in \mathscr{B}\}.$$

今证,$\overline{\mathscr{A}} \cup \mathscr{B}'$ 对集合 $\Gamma(\varnothing^{(2)})$ 满足主要定理的条件.

假若不然,存在 $(x_1^{(1)}, \varnothing^{(2)}), (x_2^{(1)}, \varnothing^{(2)}) \in \overline{\mathscr{A}} \cup \mathscr{B}'$ 使得 $x_1^{(1)} \cap S_i = x_2^{(1)} \cap S_i$,而对所有的 $S_j (1 \leqslant i \neq j \leqslant k)$ 有 $x_1^{(1)} \cap S_j \subsetneqq x_2^{(1)} \cap S_j$.

分几种情形讨论如下:

情形 1 如果 $(x_1^{(1)}, \varnothing^{(2)}), (x_2^{(1)}, \varnothing^{(2)}) \in \mathscr{B}'$,有 $(x_1^{(1)}, S'_2), (x_2^{(1)}, S'_2) \in \mathscr{B}$,于是

$$(x_1^{(1)} \cup S'_2) \cap S_i = (x_2^{(1)} \cup S'_2) \cap S_i$$

而对所有的 $S_j (1 \leqslant i \neq j \leqslant k)$ 有 $(x_1^{(1)} \cup S'_2) \cap S_j \subsetneqq (x_2^{(1)} \cup S'_2) \cap S_j$.

但 $(x_1^{(1)} \cup S'_2), (x_2^{(1)} \cup S'_2) \in \mathscr{F}$,从而发生矛盾.

情形 2 如果 $(x_1^{(1)}, \varnothing^{(2)}), (x_2^{(1)}, \varnothing^{(2)}) \in \overline{\mathscr{A}}$,且令 $y^{(1)} = S'_1 - x_1^{(1)}$ 和 $y^{(2)} = S'_1 - x_2^{(1)}$,从而有 $(y_1^{(1)}, \varnothing^{(2)}), (y_2^{(1)}, \varnothing^{(2)}) \in \mathscr{A}$.

由假设 $x_1^{(1)} \cap S_i = x_2^{(1)} \cap S_i$,从而有 $y_1^{(1)} \cap S_i = y_2^{(1)} \cap S_i$,又对所有的 $S_j (1 \leqslant i \neq j = k)$ 有 $y_1^{(1)} \cap S_j \supsetneqq y_2^{(1)} \cap S_j$(因为假设 $x_1^{(1)} \cap S_j \subsetneqq x_2^{(1)} \cap S_j$).

此时与 $(y_1^{(1)}, \varnothing^{(2)}), (y_2^{(1)}, \varnothing^{(2)}) \in \mathscr{F}^*$ 矛盾.

情形 3 如果 $(x_1^{(1)}, \varnothing^{(2)}) \in \overline{\mathscr{A}}, (x_2^{(1)}, \varnothing^{(2)}) \in \mathscr{B}'$,且令 $y_1^{(1)} = S'_1 - x_1^{(2)}$,从而有 $(y_1^{(1)}, \varnothing^{(2)}), (x_2^{(1)}, S'_2) \in \mathscr{F}^*$.

由前面的假设有 $x_1^{(1)} \subsetneqq x_2^{(1)}$,又 $x_1^{(1)} \cup y_1^{(1)} = S'_1$ 得

42

第 4 章　Katona 和 Kleitman 定理的推广

$$x_2^{(1)} \bigcup y_1^{(1)} = S'_1$$

因此有 $x_2^{(1)} \bigcup y_1^{(1)} \bigcup S'_2 = S$,但 $x_2^{(1)} \bigcup S'_2, y_1^{(1)} \in \mathscr{F}$.
与推论的条件(1)矛盾.

情形 4　如果 $(x_1^{(1)}, \varnothing^{(2)}) \in \mathscr{B}'$,$(x_2^{(1)}, \varnothing^{(2)}) \in \overline{\mathscr{A}}$,且设 $y_2^{(1)} = S'_1 - x_2^{(1)}$,于是,$(x_1^{(1)}, S'_2)$,$(y_2^{(1)}, \varnothing^{(2)}) \in \mathscr{F}^*$.

由前面的假设有 $x_1^{(1)} \subsetneqq x_2^{(1)}$,又 $y_2^{(1)} \bigcup x_2^{(1)} = S'_1$,有

$$y_2^{(1)} \bigcap x_1^{(1)} = \varnothing$$

从而 $y_2^{(1)}, x_1^{(1)} \bigcup S'_2 \in \mathscr{F}$ 是不相交的,发生矛盾.

综合上述四种情形,证明了:$\mathscr{B}' \bigcup \overline{\mathscr{A}}$ 满足主要定理的条件,且 $\mathscr{B}' \bigcup \overline{\mathscr{A}}$ 是 S'_1 上的子集系.(在同构的意义下)由主要定理得

$$|\mathscr{F}| \leqslant |\overline{\mathscr{A}} \bigcup \mathscr{B}| \leqslant \binom{n-1}{\left[\dfrac{n-1}{2}\right]}$$

证毕.

本章的主要结果不难推广到因子格上去,这里不作赘述.

斯潘纳尔性质

第 5 章

本章我们考虑特定邻接矩阵在极值集合论中某些问题上出人意料的应用.极值集合论是寻找(或估算)满足给定条件的集合的最大或最小数目,而这些条件一般是集合理论性的或组合的条件.例如,极值集合论中一个典型且简单的问题是:对于给定的 n 元集合,最多可以取多少个子集,使得这些子集两两相交?这里考虑的问题用偏序集表示最为方便.因此我们先讨论偏序集的一些基本概念.

定义 5.1 偏序集 P 是一个有限集合,仍记为 P,配备一个满足下面原理的二元关系"$\leqslant$":

(1)(自反性) 对所有的 $x \in P$ 有 $x \leqslant x$;

(2)(反对称) 若 $x \leqslant y$ 且 $y \leqslant x$,则 $x = y$;

(3)(传递性) 若 $x \leqslant y$ 且 $y \leqslant z$,则 $x \leqslant z$.

得到一个偏序集的简单方法如下. 设 P 为任意一个集族. 对 $x, y \in P$,如果(作为集合)$x \subsetneqq y$,那么在 P 中定义 $x \leqslant y$. 容易看到这样定义的"$\leqslant$"使得 P 构成了一个偏序集. 若 P 是由 n 元集合 S 的全部子集构成,则称 P 是一个秩为 n 的(有限)布尔代数,记为 B_S. 若 $S = \{1, 2, \cdots, n\}$,则将 B_S 简记为 B_n. 布尔代数在本章将占据重要的地位.

有一种简单的方法来图形化地表示小偏序集. 偏序集 P 的 Hasse 图是一个将 P 的元素画作点的平面图形. 若 P 中的元素 $x < y$(即 $x \leqslant y$ 且 $x \neq y$),则将 y 画在 x 的"上方"(即有更大的垂直坐标). 若 y 覆盖(covers)x,即 $x < y$,且没有元素 z 满足 $x < z < y$,则在 x 与 y 之间画一条边. 记为 $x \lessdot y$ 或 $y \gtrdot x$. 由传递性质(3),有限偏序集的所有关系都由覆盖关系确定,因此 Hasse 图唯一确定了 P(但对无限偏序集这不正确;例如,在常用序下的实数集 **R** 是一个没有覆盖关系的偏序集). 布尔代数 B_3 的 Hasse 图如图 5.1 所示.

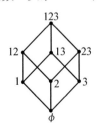

图 5.1

如果存在偏序集 P 和 Q 之间的一个双射(单射且满射的函数)$\varphi: P \to Q$ 使得在 P 中 $x \leqslant y$ 当且仅当在 Q 中 $\varphi(x) \leqslant \varphi(y)$,那么称 P 与 Q 是同构的. 因此若两

Sperner 引理

个偏序集仅有元素名称的不同,则可以认为它们是同构的. 这与群和环等的同构概念类似. 一个有益的练习是画出阶(元素个数)为 1 的 1 个(同构意义下的)偏序集的 Hasse 图,以及阶为 2 的 2 个偏序集,阶为 3 的 5 个偏序集,阶为 4 的 16 个偏序集的 Hasse 图. 对更有抱负的读者可以试试阶为 5 的 63 个偏序集,阶为 6 的 318 个偏序集,阶为 7 的 2 045 个偏序集,阶为 8 的 16 999 个偏序集,阶为 9 的 183 231 个偏序集,阶为 10 的 2 567 284 个偏序集,阶为 11 的 46 749 427 个偏序集,阶为 12 的 1 104 891 746 个偏序集,阶为 13 的 33 823 827 452 个偏序集,阶为 14 的 1 338 193 159 771 个偏序集,阶为 15 的 68 275 077 901 156 个偏序集,阶为 16 的 4 483 130 665 195 087 个偏序集. 除了这些其他的数目前都未知.

偏序集中的链 C 是 P 中一个完全排序的子集,即如果 $x,y \in C$,那么在 P 中要么 $x \leqslant y$,要么 $y \leqslant x$. 若一个有限链有 $n+1$ 个元素,则称它的长度为 n. 因此这样的链有如下的形式:$x_0 < x_1 < \cdots < x_n$. 若有限偏序集中每一个极大链的长度都为 n,则称它是秩为 n 的分次偏序集(若一个链没有包含在任何更大的链中,则称它是极大的). 例如,布尔代数 B_n 就是秩为 n 的分次偏序集(为什么). 对链 $y_0 < y_1 < \cdots < y_j$,若每一个 y_{i+1} 都覆盖 y_i,则称这条链为饱和的. 这样的链不一定是极大的,因为在 P 中可以存在比 y_0 小或是比 y_j 大的元素. 对秩为 n 的分次偏序集 P 以及 $x \in P$,若在 P 中以元素 x 为顶点的最大饱和链的长度为 j,则称 x 的秩为 j,用 $\rho(x)=j$ 来表示. 因此(为什么)若记 $P_j=\{x \in P \mid \rho(x)=j\}$,则 P 是一个无交的并集 $P=P_0 \cup$

$P_1 \bigcup \cdots \bigcup P_n$,且 P 中每一个极大链都形如 $x_0 < x_1 < \cdots < x_n$,其中 $\rho(x_j) = j$. 称 P_j 为 P 的第 j 层水平. 记 P 中秩为 j 的元素个数为 $p_j = \# P_j$. 例如,若 $P = B_n$,则 $\rho(x) = |x|$(x(作为集合)的基数)且

$$p_j = \#\{x \subsetneqq \{1, 2, \cdots, n\} \mid |x| = j\} = \binom{n}{j}$$

(注意到我们同时用了 $|S|$ 和 $\# S$ 来表示一个有限集合 S 的基数.)若一个秩为 n 的分次偏序集 P 有 p_i 个秩为 i 的元素,则定义秩生成函数为

$$F(P, q) = \sum_{i=0}^{n} p_i q^i = \sum_{x \in P} q^{\rho(x)}$$

例如,$F(B_n, q) = (1+q)^n$(为什么).

一个秩为 n 的分次偏序集 P(假设它总是有限的),若对 $0 \leqslant i \leqslant n$ 都有 $p_i = p_{n-i}$,则称它为秩对称的,若对某一 $0 \leqslant j \leqslant n$ 有 $p_0 \leqslant p_1 \leqslant \cdots \leqslant p_j \geqslant p_{j+1} \geqslant p_{j+2} \geqslant \cdots \geqslant p_n$,则称它为秩单峰的. 如果 P 既是秩对称又是秩单峰的,那么显然有,若 $n = 2m$

$$p_0 \leqslant p_1 \leqslant \cdots \leqslant p_m \geqslant p_{m+1} \geqslant \cdots \geqslant p_n$$

若 $n = 2m + 1$

$$p_0 \leqslant p_1 \leqslant \cdots \leqslant p_m = p_{m+1} \geqslant p_{m+2} \geqslant \cdots \geqslant p_n$$

我们也称序列 $p_0, p_1, \cdots, p_n$ 本身或多项式 $F(q) = p_0 + p_1 q + \cdots + p_n q^n$ 在相应的情况下为对称的或单峰的. 例如,B_n 就是秩对称的和秩单峰的,因为众所周知(也很容易证明)序列 $\binom{n}{0}, \binom{n}{1}, \cdots, \binom{n}{n}$(杨辉三角形的第 n 行)是对称和单峰的. 因此多项式 $(1+q)^n$ 是对称的和单峰的.

再有几个定义,就能有一些结论了! 偏序集 P 的

Sperner 引理

反链是 P 的子集 A，要求其中任何两个元素都是不可比较的，即不能有 $x, y \in A$ 且 $x < y$. 例如，分次偏序集 P 的"水平"P_i 都是反链（为什么）. 我们关心的就是寻找偏序集中最大反链的问题. 例如，对布尔代数 B_n. 在 B_n 中寻找最大反链的问题很明显等价于极值集合论中如下的问题：寻找 n 元集合的最大子集族，使得子集族中没有元素包含别的元素. 有一个好的猜测，即取基数为 $[n/2]$ 的全部子集（其中 $[x]$ 表示不大于 x 的最大整数），一共有 $\binom{n}{[n/2]}$ 个集合. 但是怎样才能证明确实没有更大的子集族了呢？最早的证明由斯潘纳尔在 1927 年给出，其结论现在被称为斯潘纳尔定理. 在本章我们将给出斯潘纳尔定理的三种证明：第一种证明利用了线性代数并将被应用于其他特定情形；第二种证明是由 David Lubell 于 1966 年给出的一个漂亮的组合论证；第三种证明是与线性代数证明密切相关的另一个组合论证. 我们展示后两种证明是因为其"文化价值". 对斯潘纳尔定理在其他特定情形下的推广涉及如下这个重要的定义.

定义 5.2 设 P 是秩为 n 的分次偏序集. 若
$$\max\{\#A \mid A \text{ 是 } P \text{ 的反链}\} = \max\{\#P_i \mid 0 \leqslant i \leqslant n\}$$
则称 P 具有斯潘纳尔性质或者是斯潘纳尔偏序集. 换句话说，不存在比最大水平 P_i 更大的反链.

因此斯潘纳尔定理等价于是说 B_n 具有斯潘纳尔性质. 注意到若 P 具有斯潘纳尔性质，则可能仍然存在不同于最大 P_i 但具有最大基数的反链，只是不能有更大的反链.

例 5.1 图 5.2 是一个不满足斯潘纳尔性质的分

次偏序集的简单例子.

图 5.2

我们现在讨论一个简单的组合条件,该条件确保一类特定分次偏序集 P 是斯潘纳尔偏序集. 定义 P_i 到 P_{i+1} 的序匹配为一个单射函数 $\mu: P_i \to P_{i+1}$ 满足对所有的 $x \in P_i$ 有 $x < \mu(x)$. 显然如果存在这种序匹配,则 $p_i \leqslant p_{i+1}$(因为 μ 是单射).(如图 5.2 的)简单例子可说明逆命题是错误的,即若 $p_i \leqslant p_{i+1}$ 则不一定存在 P_i 到 P_{i+1} 的序匹配. 可以类似地定义 P_i 到 P_{i-1} 的序匹配为一个单射函数 $\mu: P_i \to P_{i-1}$ 满足对所有的 $x \in P_i$,有 $\mu(x) < x$.

命题 5.1 设 P 是秩为 n 的分次偏序集. 若存在一个整数 $0 \leqslant j \leqslant n$ 和序匹配

$$P_0 \to P_1 \to P_2 \to \cdots \to P_j \leftarrow P_{j+1} \leftarrow P_{j+2} \leftarrow \cdots \leftarrow P_n \tag{5.1}$$

则 P 是秩单峰的,且是一个斯潘纳尔偏序集.

证明 因为序匹配是单射,所以显然有

$$p_0 \leqslant p_1 \leqslant \cdots \leqslant p_j \geqslant p_{j+1} \geqslant p_{j+2} \geqslant \cdots \geqslant p_n$$

因此 P 是秩单峰的.

如下定义一个图 G. 图 G 的顶点就是 P 的元素. 若命题中的某一序匹配 μ 满足 $\mu(x) = y$,则在顶点 x, y 间连一条边(因此 G 是 P 的 Hasse 图的子图).读者自己画一个图就会确信 G 由一些路的非交并构成,其中包括没有包含在任何序匹配中的单点路. 每条路的顶点就形成了 P 的一条链. 因此我们将 P 的元素分解成

了一些非交的链. 因为 P 是单峰的且最大水平为 P_j, 所以每条链都必须穿过 P_j(为什么). 因此共有 p_j 条链. 而任意的反链与每条链至多相交一次, 这样 A 的基数 $|A|$ 不能多于链的数目, 即 $|A| \leqslant p_j$. 因此由定义知 P 是斯潘纳尔偏序集.

现在终于有些线性代数的东西可以映入眼帘了. 对任意的(有限)集合 S, 用 **R**S 表示 S 中元素的所有(实系数)形式线性组合所构成的实向量空间. 因此 S 是 **R**S 的一组基, 实际上我们可以将 **R**S 简单地定义成基为 S 的实向量空间. 下面这个引理将我们刚刚讨论过的组合性质与线性代数联系了起来, 并且使得我们可以利用线性代数(结合一点有限群论)来证明特定的偏序集是斯潘纳尔偏序集.

引理 5.1 假设存在一个线性变换 $U:\mathbf{R}P_i \to \mathbf{R}P_{i+1}$ (U 表示"向上")满足:

(1) U 是单射.

(2) 对所有的 $x \in P_i$, $U(x)$ 是满足 $x < y$ 的元素 $y \in P_{i+1}$ 的线性组合(称 U 为序提升算子).

则存在一个序匹配 $\mu:P_i \to P_{i+1}$.

类似地, 假设存在一个线性变换 $U:\mathbf{R}P_i \to \mathbf{R}P_{i+1}$ 满足:

(1) U 是满射.

(2) U 是序提升算子.

则存在一个序匹配 $\mu:P_{i+1} \to P_i$.

证明 假设 $U:\mathbf{R}P_i \to \mathbf{R}P_{i+1}$ 是一个单射序提升算子. 用 $[U]$ 表示 U 关于 $\mathbf{R}P_i$ 的基 P_i 与 $\mathbf{R}P_{i+1}$ 的基 P_{i+1} 的矩阵. 因此 $[U]$ 的行是按照 P_{i+1} 的元素 $y_1, \cdots, y_{p_{i+1}}$ (以某种顺序)依次标记, 列按照 P_i 的元素 $x_1, \cdots,$

第 5 章　斯潘纳尔性质

x_{p_i} 依次标记. 因为 U 是单射, 所以 $[U]$ 的秩等于 p_i (列的数目). 因为一个矩阵的行向量的秩等于列向量的秩, 所以 $[U]$ 有 p_i 个线性无关的行. 假定我们适当地排列 P_{i+1} 的元素使得 $[U]$ 的前 p_i 行是线性无关的.

设 $A = (a_{ij})$ 为 $[U]$ 的前 p_i 行所构成的 $p_i \times p_i$ 矩阵 (因此 A 是 $[U]$ 的方块子矩阵). 因为 A 的行是线性无关的, 所以
$$\det(A) = \sum \pm a_{1\pi(1)} \cdots a_{p_i \pi(p_i)} \neq 0$$
其中和式遍历 $1, \cdots, p_i$ 的全排列 π. 因此以上和式中的某一项 $\pm a_{1\pi(1)} \cdots a_{p_i \pi(p_i)}$ 非零. 因为 U 是序提升的, 这就意味着 (为什么) 对 $1 \leqslant k \leqslant p_i$ 有 $y_k > x_{\pi(k)}$. 因此有 $\mu(x_k) = y_{\pi^{-1}(k)}$ 定义的映射 $\mu : P_i \to P_{i+1}$ 是一个序匹配, 得证.

当 U 是满射而非单射时, 可由完全相似的讨论得证. 也可以通过考虑矩阵 $[U]$ 的转置, 从单射的情形推导出来.

注　将单射序提升算子看作"量子序匹配"是很有意义的, 虽然这对理解我们的理论并没有实际的帮助. 我们同时取所有可能的满足 $y > x$ 的元素 $y \in P_{i+1}$, 而不仅是单单取一个与 $x \in P_i$ 匹配的元素 $y = \mu(x)$. 若 $U(x) = \sum_{y>x} c_y y$ (其中 $c_y \in \mathbf{R}$), 则选取带有 "权" c_y 的 y. 如同以上引理 5.1 的证明中所阐述的, 我们 "打破了对称性" 并通过选取行列式的展开式中某一非零项来得到一个单一匹配的元素 $\mu(x)$.

我们现在希望将命题 5.1 和引理 5.1 应用到布尔代数 B_n 上. 对每一个 $0 \leqslant i < n$, 我们需要定义一个线性变换 $U_i : \mathbf{R}(B_n)_i \to \mathbf{R}(B_n)_{i+1}$, 然后证明它有我们所

期待的性质. 定义 U_i 为可能的最简单的序提升算子, 即对 $x \in (B_n)_i$, 令

$$U_i(x) = \sum_{\substack{y \in (B_n)_{i+1} \\ y > x}} y \qquad (5.2)$$

注意, 因为 $(B_n)_i$ 是 $\mathbf{R}(B_n)_i$ 的一组基, 所以等式 (5.2) 确实唯一定义了一个线性变换 $U_i: \mathbf{R}(B_n)_i \to \mathbf{R}(B_n)_{i+1}$. 由定义可知 U_i 是序提升算子. 我们想要证明的是当 $i < n/2$ 时 U_i 是单射, 而当 $i \geqslant n/2$ 时 U_i 是满射. 有多种方法可以证明这一结论, 而仅用到初等的线性代数. 我们将给出的大概是最简单的一种证明, 虽然该证明非常具有技巧性. 证明的思想就是引入 U_i 的"对偶"或"伴随"算子 $D_i: \mathbf{R}(B_n)_i \to \mathbf{R}(B_n)_{i-1}$ (D 表示"向下"), 对所有的 $y \in (B_n)_i$ 有如下定义

$$D_i(y) = \sum_{\substack{x \in (B_n)_{i-1} \\ x < y}} x \qquad (5.3)$$

用 $[U_i]$ 表示 U_i 关于基 $(B_n)_i$ 和 $(B_n)_{i+1}$ 的矩阵, 类似地, 用 $[D_i]$ 表示 D_i 关于基 $(B_n)_i$ 和 $(B_n)_{i-1}$ 的矩阵. 一个下文将要用到的关键性的观察结果是

$$[D_{i+1}] = [U_i]^t \qquad (5.4)$$

即矩阵 $[D_{i+1}]$ 是矩阵 $[U_i]$ 的转置 (为什么). 设 $I_i: \mathbf{R}(B_n)_i \to \mathbf{R}(B_n)_i$ 表示 $\mathbf{R}(B_n)_i$ 上的恒等变换, 即对所有的 $u \in \mathbf{R}(B_n)_i$ 有 $I_i(u) = u$. 下面这个引理阐述了 (在线性代数的范畴) 我们所需的 B_n 的基本组合性质. 引理中取 $U_n = 0$ 且 $D_0 = 0$ (0 表示两个适当向量空间之间的 0 线性变换).

引理 5.2 设 $0 \leqslant i \leqslant n$, 则

$$D_{i+1} U_i - U_{i-1} D_i = (n - 2i) I_i \qquad (5.5)$$

(线性变换是从右至左地做乘积, 因此 $AB(u) =$

$A(B(u))$.

证明 设 $x \in (B_n)_i$. 我们需要证明若将等式 (5.5) 的左边作用到 x 上,则能得到 $(n-2i)x$. 我们有

$$D_{i+1}U_i(x) = D_{i+1}\Big(\sum_{\substack{|y|=i+1 \\ x \subseteq y}} y\Big)$$

$$= \sum_{\substack{|y|=i+1 \\ x \subseteq y}} \sum_{\substack{|z|=i \\ z \subseteq y}} z$$

若 $x, z \in (B_n)_i$ 满足 $|x \cap z| < i-1$,则不存在使得 $x \subseteq y$ 且 $z \subseteq y$ 的 $y \in (B_n)_{i+1}$. 因此 $D_{i+1}U_i(x)$ 按基 $(B_n)_i$ 展开时, z 前的系数为 0. 若 $|x \cap z| = i-1$,则只存在一个这样的 y,即 $y = x \cup z$. 最后若 $x = z$,则 y 可以是 $(B_n)_{i+1}$ 中任意包含 x 的元素,共有 $n-i$ 个这样的 y. 因此

$$D_{i+1}U_i(x) = (n-i)x + \sum_{\substack{|z|=i \\ |x \cap z|=i-1}} z \quad (5.6)$$

通过完全类似的推导(请读者自己验证),对 $x \in (B_n)_i$ 有

$$U_{i-1}D_i(x) = ix + \sum_{\substack{|z|=i \\ |x \cap z|=i-1}} z \quad (5.7)$$

等式 (5.6) 减去等式 (5.7) 可得 $(D_{i+1}U_i - U_{i-1}D_i)(x) = (n-2i)x$,得证.

定理 5.1 算子 U_i 如前文定义,当 $i < n/2$ 时它是单射,当 $i \geqslant n/2$ 时它是满射.

证明 回顾 $[D_i] = [U_{i-1}]^t$. 由线性代数的知识,我们知道一个(矩形)矩阵与它转置的乘积是半正定的(或简称半定的)且有非负(实)特征值. 由引理 5.2 可知

$$\boldsymbol{D}_{i+1}\boldsymbol{U}_i = \boldsymbol{U}_{i-1}\boldsymbol{D}_i + (n-2i)\boldsymbol{I}_i$$

因此 $\boldsymbol{D}_{i+1}\boldsymbol{U}_i$ 的特征值可由 $\boldsymbol{U}_{i-1}\boldsymbol{D}_i$ 的特征值加上 $n-2i$

得到. 当 $n-2i>0$ 时, $D_{i+1}U_i$ 的特征值都是非零正数. 因此 $D_{i+1}U_i$ 可逆(因为没有 0 特征值). 这也就意味着 U_i 是单射(为什么).

$i\geqslant n/2$ 的情形可由"对偶"论证得到(或者利用偏序集 B_n 是"自对偶的", 由 $i<n/2$ 的情形直接推导出来, 我们这里不讨论这一方法). 即从以下等式

$$U_iD_{i+1} = D_{i+2}U_{i+1} + (2i+2-n)I_{i+1}$$

可得 U_iD_{i+1} 可逆, 因此 U_i 是满射, 证毕.

结合命题 5.1、引理 5.1 和定理 5.1, 我们就得到了下面这个著名的斯潘纳尔定理.

推论 5.1 布尔代数 B_n 具有斯潘纳尔性质.

读者很自然地会问是否存在对推论 5.1 更直接的证明. 事实上, 我们已知有不少漂亮的证明, 首先给出由 David Lubell 得到的一种证明, 这在定义 5.2 之前提到过.

Lubell 对斯潘纳尔定理的证明 首先计算 B_n 的极大链 $\varnothing = x_0 < x_1 < \cdots < x_n = \{1,\cdots,n\}$ 的总数. 对 x_1 有 n 种选择, 然后对 x_2 有 $n-1$ 种选择, 等等, 这样共有 $n!$ 条极大链. 下面计算包含秩为 i 的给定元素 x 的极大链 $x_0 < x_1 < \cdots < x_i = x < \cdots < x_n$ 的数目. 对 x_1 有 i 种选择, 然后对 x_2 有 $i-1$ 种选择, 直到对 x_i 的一种选择. 类似地, 对 x_{i+1} 有 $n-i$ 种选择, 然后对 x_{i+2} 有 $n-i-1$ 种选择, 等等, 直到对 x_n 的一种选择. 因此包含 x 的极大链有 $i!(n-i)!$ 条.

现在设 A 为一条反链. 如果 $x \in A$, 那么令 C_x 为 B_n 中包含 x 的极大链的集合. 因为 A 是反链, 集合 $C_x(x \in A)$ 是两两不相交的. 因此

$$\left| \bigcup_{x \in A} C_x \right| = \sum_{x \in A} |C_x|$$

第5章 斯潘纳尔性质

$$= \sum_{x \in A} (\rho(x))!\,(n-\rho(x))!$$

因为 C_x 中极大链的总数不能超过 B_n 中极大链的总数 $n!$，所以

$$\sum_{x \in A} (\rho(x))!\,(n-\rho(x))! \leqslant n!$$

等式两端同时除以 $n!$ 可得

$$\sum_{x \in A} \frac{1}{\binom{n}{\rho(x)}} \leqslant 1$$

当 $i = \lceil n/2 \rceil$ 时，$\binom{n}{i}$ 取到最大值，故对所有的 $x \in A$（或者所有的 $x \in B_n$）有

$$\frac{1}{\binom{n}{\lceil n/2 \rceil}} \leqslant \frac{1}{\binom{n}{\rho(x)}}$$

因此

$$\sum_{x \in A} \frac{1}{\binom{n}{\lceil n/2 \rceil}} \leqslant 1$$

或等价地

$$|A| \leqslant \binom{n}{\lceil n/2 \rceil}$$

因为 $\binom{n}{\lceil n/2 \rceil}$ 是 B_n 中最大水平的元素个数，由此可得 B_n 是斯潘纳尔偏序集.

另一种直接证明 B_n 是斯潘纳尔偏序集的好方法是对 $i < n/2$ 构造一个明确的序匹配 $\mu:(B_n)_i \to (B_n)_{i+1}$. 我们将通过一个例子来说明怎么定义 μ. 设 $n=21, i=9$，且 $S=\{3,4,5,8,12,13,17,19,20\}$，我们

Sperner 引理

需要定义 $\mu(S)$. 令 $(a_1, a_2, \cdots, a_{21})$ 为 ± 1 的一个序列,其中当 $i \in S$ 时 $a_i = 1$, 当 $i \notin S$ 时 $a_i = -1$. 对以上集合 S 我们得到了序列(将 -1 记为"$-$")

$$--111--1---11---1-11$$

用 00 替换每个连续的两项 $1-$, 即

$$--1100-00--100--00100$$

忽略 0 再用 00 替换每个连续的两项 $1-$, 即

$$--1000000--0000-00100$$

继续这种操作

$$--00000000-0000-00100$$

到这一步无法再进行更多的替换. 非零项由一个"$-$"的序列跟随着一个"1"的序列构成. 因为 $i < n/2$, 所以存在至少一个"$-$". 设 k 为最后一个"$-$"的位置(坐标), 这里 $k = 16$, 定义 $\mu(S) = S \cup \{k\} = S \cup \{16\}$. 读者可以验证以上操作给出了一个序匹配. 特别地, 为什么 μ 是单射(一对一的), 即为什么从 $\mu(S)$ 能返回 S?

将刚刚定义的对 $i < n/2$ 的序匹配 $(B_n)_i \to (B_n)_{i+1}$, 与 $i > n/2$ 时其显然的对偶序匹配 $(B_n)_i \to (B_n)_{i-1}$ 黏结起来, 能够验证我们得到的不仅仅是命题 5.1 中证明的那样, 将 B_n 分解成了一些穿过中间水平(n 为偶数)或中间两层水平(n 为奇数)的饱和链. 我们事实上得到了一个额外的性质, 那就是这些链都是对称的, 即它们开始于某一第 $i \leqslant n/2$ 层水平而结束于第 $n-i$ 层水平. 称这种将秩对称和秩单峰的分次偏序集 P 分解为饱和链的方式为对称链分解. 一个对称链分解意味着对任意的 $j \geqslant 1$, j 个反链的并集的最大基数等于 P 中 j 层水平的并集的最大基数(斯潘纳尔性质对应的是 $j=1$ 的情形). 一个具有挑战性的问题是

第 5 章　斯潘纳尔性质

确定哪些偏序集有对称链分解,但我们不再在这里深入讨论这一主题.

由于有了以上 Lubell 的漂亮证明和对序匹配 μ:$(B_n)_i \to (B_n)_{i+1}$ 的确切描述,读者可能会想知道给出一个更复杂且不直接的线性代数证明的原因是什么. 诚然,若从我们发展的线性代数方法得到的只是斯潘纳尔定理的另一种证明,则这很难有什么价值. 当定理 5.1 结合一些有限群论时能得到很多有趣但还没有简单或直接证明的组合结论.

有限子集系的斯潘纳尔系

第 6 章

1980 年,Ko-Wei Lih 提出如下猜想:如果 $\mathscr{F}$ 是由 B^n 中固定秩的不同元素生成的序理想,那么 $\mathscr{F}$ 是斯潘纳尔系.海南师范学院的黄国泰教授证实了当 $\mathscr{F}$ 是由 X 的子集 Y 的所有相同秩的元素生成的序理想时,猜想是正确的.

§1 引　言

设 $(\mathbf{P},\leqslant)$ 是一有限偏序集,r 是 $\mathbf{P}$ 上非负整数值函数,满足:

(1) 对每个极小元 x,有 $r(x)=0$;

(2) 如果 $x<y$,且不存在 $z\in\mathbf{P}$,使得 $x<z<y$,那么 $r(y)=r(x)+1$,称 r 为 $\mathbf{P}$ 上的秩函数,$r(x)$ 叫作 x 的

---

① 黄国泰.有限子集系的 Sperner 系.数学研究与评论,1998,18(3):429-434.

第6章 有限子集系的斯潘纳尔系

秩,并把具有秩函数的有限偏序集叫作层次有限偏序集.

若 $\mathbf{A} \subsetneq \mathbf{P}$,且任意的 $x, y \in \mathbf{A}, x \neq y$,有 $x \not\geqslant y \not\geqslant x$,则称 $\mathbf{A}$ 为 $\mathbf{P}$ 上的反链.

记 $\mathbf{P}_m = \{x \in \mathbf{P} \mid r(x) = m\}$. 称 $P_m = |\mathbf{P}_m|$ 为 $\mathbf{P}$ 的 m 层 Whitney 数.

如果 $\max\limits_{m}\{P_m\} = \max\{|\mathbf{A}| \mid \mathbf{A}$ 为 $\mathbf{P}$ 的反链$\}$,那么称 $\mathbf{P}$ 为斯潘纳尔系. $\max\{P_m\}$ 为 $\mathbf{P}$ 的斯潘纳尔数.

$\mathbf{P}$ 的一个子集 $\mathbf{F}$ 称为 $\mathbf{P}$ 的一个序理想,如果对任意的 $a \in \mathbf{F}$ 和 $b \in \mathbf{P}$,若 $a \leqslant b$,则 $b \in \mathbf{F}$.

由 $a(a \in \mathbf{P})$ 生成的主序理想,是集合
$$\langle a \rangle = \{b \mid b \in \mathbf{P}, b \geqslant a\}$$
并把由 $a_1, \cdots, a_k (a_i \in \mathbf{P}, i = 1, \cdots, k)$ 生成的序理想定义为
$$\langle a_1, \cdots, a_k \rangle = \langle a_1 \rangle \bigcup \cdots \bigcup \langle a_k \rangle$$
若 $r(a_1) = \cdots = r(a_k)$,定义
$$r'(x) = r(x) - r(a_1), x \in \langle a_1, \cdots, a_k \rangle$$
显然 r' 是 $\langle a_1, \cdots, a_k \rangle$ 上的秩函数,所以 $\langle a_1, \cdots, a_k \rangle$ 也是层次有限偏序集.

在本章所讨论的偏序集是有限集合 $X = \{1, \cdots, n\}$ 的所有子集构成的 Boolean 代数 $\mathbf{B}^n$,它的序关系定义为集合的包含关系. 秩函数 r 为
$$r(x) = |x|, x \in \mathbf{B}^n$$
显然,$\mathbf{B}^n$ 是一层次有限偏序集. 并把 $\mathbf{B}^n$ 的非空子集称为有限子集系.

早在 1928 年,斯潘纳尔在文献[9]中证明了:

定理 6.1 $\mathbf{B}^n$ 是斯潘纳尔系,且它的斯潘纳尔数

为 $\begin{pmatrix} n \\ \left[\dfrac{n}{2}\right] \end{pmatrix}$,其中 $[x]$ 表示不大于 x 的最大整数,$\binom{n}{l}$ 表示 n 的 l 组合数.

此后,寻找具有什么条件的有限子集系是斯潘纳尔系一直是一个热门的研究课题[11](见第 3 章、第 4 章),1980 年,Ko-Wei Lih 在文献[10]中获得了如下结果.

定理 6.2 设 $a_1,\cdots,a_k(0<k\leqslant n)$ 是 $\mathbf{B}^n$ 中秩为 1 的 k 个不同元素,则 $\mathbf{F}=\langle a_1,\cdots,a_k\rangle$ 是斯潘纳尔系,且它的斯潘纳尔数是 $\begin{pmatrix} n \\ \left[\dfrac{n}{2}\right] \end{pmatrix} - \begin{pmatrix} n-k \\ \left[\dfrac{n}{2}\right] \end{pmatrix}$.

并提出下面猜想.

猜想 如果 $\mathbf{F}$ 是由 $\mathbf{B}^n$ 中固定秩的不同元素生成序理想,那么 $\mathbf{F}$ 是斯潘纳尔系.

本章推广了 Ko-Wei Lih 的结果,证实了当 $\mathbf{F}$ 是由 X 的子集 Y 的所有相同秩的元素生成序理想时,猜想是正确的.

§2 主要结果

设 $Y \subsetneqq X$,$|Y|=k(0<k\leqslant n)$,记 $\mathbf{F}=\bigcup\limits_{\substack{a\subseteq Y \\ r(a)=t}}\langle a\rangle$,$0<t\leqslant k$,$r(a)=|a|$. 显然,$\mathbf{F}$ 是层次有限偏序集.

为了证明 $\mathbf{F}$ 是斯潘纳尔系,先来介绍并证明几个引理.

令 $\mathscr{A}=\{\mathbf{A}\mid \mathbf{A}$ 是 $\mathbf{F}$ 上容量最大反链$\}$,显然 $\mathscr{A}\neq\varnothing$.

第6章　有限子集系的斯潘纳尔系

定义 6.1　若 $\mathbf{A}_1, \mathbf{A}_2 \in \mathscr{A}$，且对任意 $x \in \mathbf{A}_1$，存在 $y \in \mathbf{A}_2$，使得 $x \subsetneqq y$，那么称 $\mathbf{A}_2$ 优于 $\mathbf{A}_1$，记作 $\mathbf{A}_1 \leqslant \mathbf{A}_2$。如果存在 $x' \in \mathbf{A}_1$ 和 $y' \in \mathbf{A}_2$，使得 $x \subseteq y$，那么称 $\mathbf{A}_2$ 真优于 $\mathbf{A}_1$，并记作 $\mathbf{A}_1 < \mathbf{A}_2$。

不难验证，$(\mathscr{A}, \leqslant)$ 是有限偏序集。

定义 6.2　若 $\mathbf{A}_1, \mathbf{A}_2 \in \mathscr{A}$，分别把 $\mathbf{A}_1 \cup \mathbf{A}_2$ 中所有极大元构成集合和 $\mathbf{A}_1 \cup \mathbf{A}_2$ 中所有极小元构成集合，称为 $\mathbf{A}_1$ 和 $\mathbf{A}_2$ 的极大元集与 $\mathbf{A}_1$ 和 $\mathbf{A}_2$ 的极小元集，记作 $\mathbf{A}_1 \vee \mathbf{A}_2$ 和 $\mathbf{A}_1 \wedge \mathbf{A}_2$。

易证，$\mathbf{A}_1 \vee \mathbf{A}_2$ 和 $\mathbf{A}_1 \wedge \mathbf{A}_2$ 都是 $\mathbf{F}$ 的反链，且 $\mathbf{A}_1 \leqslant \mathbf{A}_1 \vee \mathbf{A}_2, \mathbf{A}_2 \leqslant \mathbf{A}_1 \vee \mathbf{A}_2$ 和 $\mathbf{A}_1 \geqslant \mathbf{A}_1 \wedge \mathbf{A}_2, \mathbf{A}_2 \geqslant \mathbf{A}_1 \wedge \mathbf{A}_2$。

引理 6.1　若 $\mathbf{A}_1$ 和 $\mathbf{A}_2$ 都是 $\mathbf{F}$ 容量最大的反链，不妨设，$\mathbf{A}_1 = \{x_1, \cdots, x_k\}, \mathbf{A}_2 = \{y_1, \cdots, y_h\}$。不失一般性，令

$$\mathbf{A}_1 \vee \mathbf{A}_2 = \{x_1, \cdots, x_l, y_1, \cdots, y_s\}$$
$$\mathbf{A}_1 \wedge \mathbf{A}_2 = \{x_{l+1}, \cdots, x_h, y_{s+1}, \cdots, y_h\}$$

如果 $l + s < h$，那么 $\mathbf{A}_1 \wedge \mathbf{A}_2$ 是容量大于 h 的反链。产生矛盾。从而 $l + s \geqslant h$，由反链最大容量为 h，所以 $l + s = h$。因此，$\mathbf{A}_1 \vee \mathbf{A}_2$ 仍为容量最大的反链。

同理可得，$\mathbf{A}_1 \wedge \mathbf{A}_2$ 是容量最大的反链。

引理 6.2　设 f 是 $\mathbf{F}$ 上序自同构映象，且 $\mathbf{A}$ 是 $(\mathscr{A}, \leqslant)$ 的极大元，$f(\mathbf{A}) = \{f(x) \mid x \in \mathbf{A}\}$，那么 $f(\mathbf{A}) = \mathbf{A}$。

证明　因为 f 是 $\mathbf{F}$ 上序自同构映象。所以，$\mathbf{A} \in \mathscr{A}$，蕴涵 $f(\mathbf{A}) \in \mathscr{A}$。又由引理 6.1，得

$$\mathbf{A} \vee f(\mathbf{A}) \in \mathscr{A}$$

又 $\mathbf{A} \vee f(\mathbf{A}) \geqslant \mathbf{A}$，$\mathbf{A}$ 是极大元，有 $\mathbf{A} \vee f(\mathbf{A}) = \mathbf{A}$。

从而，$f(\mathbf{A}) \leqslant \mathbf{A}$.

假如 $f(\mathbf{A}) \neq \mathbf{A}$，亦即 $f(\mathbf{A}) < \mathbf{A}$. 于是，存在 $y \in f(\mathbf{A}), x \in \mathbf{A}$，使得 $y \subsetneq x$. 由 $y \in f(\mathbf{A})$，存在 $z \in \mathbf{A}$，使得 $f(z) = y \subsetneq x$. 又 f 是序自同构映象，有 $f^2(z) \subsetneq f(x)$.

如果 $f^2(z) = f(x)$，那么有 $f(f(z)) = f(y) = f(x)$. 从而得 $y \neq x$. 但 $f(y) = f(x)$，与 f 是同构映象矛盾. 所以，$f^2(z) \subsetneq f(x)$. 由定义 6.1，得 $f^2(\mathbf{A}_1) < f(\mathbf{A})$.

反复上述过程，有 $f^3(\mathbf{A}) < f^2(\mathbf{A})$.

因为 $\mathbf{F}$ 是有限的，必有某个正整数，使得 $f^l(\mathbf{A}) = \mathbf{A}$. 因此，有 $\mathbf{A} = f^l(\mathbf{A}) < f^{l-1}(\mathbf{A}) < \cdots < f(\mathbf{A}) < \mathbf{A}$，矛盾. 所以，得 $f(\mathbf{A}) = \mathbf{A}$.

令
$$\mathbf{B}^k = \{x \mid x \subsetneq Y\}$$
$$\mathbf{B}^{n-k} = \{x \mid x \subsetneq X \backslash Y\}$$
$$\mathbf{B}^k \times \mathbf{B}^{n-k} = \{(x, y) \mid x \in \mathbf{B}^k, y \in \mathbf{B}^{n-k}\}$$

又令 $\mathbf{B}^k_{\geqslant t} = \{x \mid x \in \mathbf{B}^k, \mid x \mid \geqslant t\}$，显然，$\mathbf{B}^n \cong \mathbf{B}^k \times \mathbf{B}^{n-k}, \mathbf{F} \cong \mathbf{B}^k_{\geqslant t} \times \mathbf{B}^{n-k}$，其中"$\cong$"表示序同构.

在 $\mathbf{F}$ 上定义投影算子如下：
$$p_1(x) = x \bigcap Y, p_2(x) = x \bigcap (X \backslash Y) \quad (x \in \mathbf{F})$$
为了叙述上的方便，作下面规定：

(1) $x \in \mathbf{F}$，意味 $(p_1(x), p_2(x)) \in \mathbf{B}^k_{\geqslant t} \times \mathbf{B}^{n-k}$；

(2) $x \in \mathbf{B}^k_{\geqslant t} \times \mathbf{B}^{n-k}$，意味 $p_1(x) \in \mathbf{B}^k_{\geqslant t}, p_2(x) \in \mathbf{B}^{n-k}$. 从而，可以把 x 和 $(p_1(x), p_2(x))$ 理解为同一个东西.

又记 $\mathbf{A}^1_i = \{p_1(x) \mid x \in \mathbf{A}, \mid p_1(x) \mid = i\}, \mathbf{A}^1 = \bigcup_{t \leqslant i \leqslant k} \mathbf{A}^1_i, \mathbf{A}^2_j = \{p_2(x) \mid x \in \mathbf{A}, \mid p_2(x) \mid = j\}, \mathbf{A}^2 =$

第6章 有限子集系的斯潘纳尔系

$\bigcup_{0 \leqslant j \leqslant n-k} \mathbf{A}_j^2$. 从而有

$$\mathbf{A} \cong \mathbf{A}^1 \times \mathbf{A}^2 = (\bigcup_{t \leqslant i \leqslant k} \mathbf{A}_i^1) \times (\bigcup_{0 \leqslant j \leqslant n-k} \mathbf{A}_j^2) = \bigcup_{\substack{t \leqslant i \leqslant k \\ 0 \leqslant j \leqslant n-k}} \mathbf{A}_i^1 \times \mathbf{A}_j^2$$

又 $\mathbf{B}_i^k = \{x \mid x \in \mathbf{B}^k, \mid x \mid = i\}, \mathbf{B}_j^{n-k} = \{x \mid x \in \mathbf{B}^{n-k}, \mid x \mid = j\}$,于是,有

$$\mathbf{F} \cong \mathbf{B}_{\geqslant t}^k \times \mathbf{B}^{n-k} = \bigcup_{t \leqslant i \leqslant k} \mathbf{B}_i^k \times \mathbf{B}^{n-k}$$
$$= \bigcup_{0 \leqslant j \leqslant n-k} \mathbf{B}_{\geqslant t}^k \times \mathbf{B}_j^{n-k} = \bigcup_{\substack{t \leqslant i \leqslant k \\ 0 \leqslant j \leqslant n-k}} \mathbf{B}_i^k \times \mathbf{B}_j^{n-k}$$

并称 $\mathbf{B}_i^k \times \mathbf{B}^{n-k}$ 为纵带;$\mathbf{B}_{\geqslant t}^k \times \mathbf{B}_j^{n-k}$ 为横带;$\mathbf{B}_i^k \times \mathbf{B}_j^{n-k}$ 为块.

引理 6.3 设 $\mathbf{A}$ 为 $(\mathscr{A}, \leqslant)$ 的极大元,如果 $x, y \in \mathbf{A}_i^1 \times \mathbf{A}^2$,那么存在某个 $j(0 \leqslant j \leqslant n-k)$ 使得 $x, y \in \mathbf{A}_i^1 \times \mathbf{A}_j^2$.

证明 由 $x, y \in \mathbf{A}_i^1 \times \mathbf{A}^2$ 得,$\mid p_1(x) \mid = \mid p_1(y) \mid = i$,如果 $\mid p_2(x) \mid \neq \mid p_2(y) \mid$. 不妨设 $\mid p_2(x) \mid < \mid p_2(y) \mid$. 因此,取 $x' \in \mathbf{B}_i^k \times \mathbf{B}^{n-k}$,使得 $x' \supseteq x$,且 $\mid p_2(x') \mid = \mid p_2(y) \mid$.

定义映象 f 如下:

(1) 因为 $\mid p_1(x) \mid = \mid p_1(y) \mid$,所以,必存在从 $p_1(y)$ 到 $p_1(x)$ 上的双射. 不妨设

$$f_1 : p_1(y) \to p_1(x)$$

(2) 因为 $\mid Y \backslash p_1(x) \mid = \mid Y \backslash p_1(y) \mid$,从而,必有从 $Y \backslash p_1(y)$ 到 $Y \backslash p_1(x)$ 上的双射. 不妨记为 $f_2 : Y \backslash p_1(y) \to Y \backslash p_1(x)$.

(3) 由 $\mid p_2(x') \mid = \mid p_2(y) \mid$,于是,必有双射 $f_3 : p_2(y) \to p_2(x')$.

(4) 同理有双射

$$f_4 : (X \backslash Y) \backslash p_2(y) \to (X \backslash Y) \backslash p_2(x')$$

从而,记

Sperner 引理

$$f(a) = \begin{cases} f_1(a) & a \in p_1(y) \\ f_2(a) & a \in Y \backslash p_1(y) \\ f_3(a) & a \in p_2(y) \\ f_4(a) & a \in (X \backslash Y) \backslash p_2(y) \end{cases}$$

显然,f 是 $\mathbf{F}$ 上序自同构映象,且 $f(y) = x'$.

由引理 6.2,得 $f(\mathbf{A}) = \mathbf{A}$. 从而,有 $x \subseteq x', x \subseteq f(y)$,又 $x, y \in \mathbf{A}$,得 $x, f(y) \in \mathbf{A}$,矛盾. 此矛盾导出,$|p_2(x)| = |p_2(y)|$.

记 $|p_2(x)| = j$,因此,有 $x, y \in \mathbf{A}_i^1 \times \mathbf{A}_j^2$.

类似引理 6.3 的证明,不难得到如下引理.

引理 6.4 设 $\mathbf{A}$ 是 $(\mathscr{A}, \leqslant)$ 的极大元,如果 $x, y \in \mathbf{A}_t^2 \times \mathbf{A}_j^2$,那么存在某个 $i(t \leqslant i \leqslant k)$ 使得 $x, y \in \mathbf{A}_i^1 \times \mathbf{A}_j^2$.

综合引理 6.3 和引理 6.4,清楚地看到每一纵带至多有一块含有 $\mathbf{A}$ 的元素,每一横带至多也有一块含有 $\mathbf{A}$ 的元素. 因此,含有 $\mathbf{A}$ 的元素的块必须在不同纵带和不同横带.

引理 6.5 若 $x \in \mathbf{A}_i^1 \times \mathbf{A}_j^2, y \in \mathbf{A}_l^1 \times \mathbf{A}_k^2$,则只能有如下情形之一成立:

(1) $i > l, j < h$;

(2) $i < l, j > h$.

证明 假设上述两种情形均不成立,由引理 6.3 和引理 6.4,不妨设 $i > l, j > h$(对于 $i < l, j < h$ 的情况,类似证明). 然而,有

$$|p_1(x)| > |p_1(y)| \quad 和 \quad |p_2(x)| > |p_2(y)|$$

于是,取 $y' \in \mathbf{F}, y' \supseteq y$,使得

$$|p_1(x)| = |p_1(y')|, |p_2(x)| = |p_2(y')|$$

定义映象 f 如下:

第6章 有限子集系的斯潘纳尔系

因 $|p_1(x)|=|p_1(y')|$，有双射 $f_1:p_1(x)\to p_1(y')$，又 $|Y\backslash p_1(x)|=|Y\backslash p_1(y')|$，有双射 $f_2:Y\backslash p_1(x)\to Y\backslash p_1(y')$，同理有双射 $f_3:p_2(x)\to p_2(y')$，和有双射 $f_4:(X\backslash Y)\backslash p_2(x)\to (X\backslash Y)\backslash p_2(y')$。然而，得

$$f(a)=\begin{cases}f_1(a) & a\in p_1(x)\\ f_2(a) & a\in Y\backslash p_1(x)\\ f_3(a) & a\in p_2(x)\\ f_4(a) & a\in (X\backslash Y)\backslash p_2(x)\end{cases}$$

易证，f 是 $\mathbf{F}$ 上序自同构映象，且 $f(x)=y'$。

由引理 6.2，$f(\mathbf{A})=\mathbf{A}$。于是，$y,f(x)\in A$，而 $y\subseteq y'=f(x)$，出现矛盾。

定理 6.3 设 Y 是 $X=\{1,\cdots,n\}$ 的一个子集，$|Y|=k(0<k\leqslant n)$，则 $\mathbf{F}=\bigcup\limits_{\substack{a\subseteq Y\\|a|=t}}\langle a\rangle(0<t\leqslant k)$ 是斯潘纳尔系。

证明 设 $\mathbf{A}$ 是 $(\mathscr{A},\leqslant)$ 的极大元。并记
$$m_0=\min\{k-t+1,n-k+1\}$$

由引理 6.5，不妨设 $A\cong\bigcup\limits_{h=1}^{m}\mathbf{A}^1_{i_h}\times\mathbf{A}^2_{j_h},1\leqslant m\leqslant m_0$，且 $t\leqslant i_1<i_2<\cdots<i_m\leqslant k,0\leqslant j_m<\cdots<j_1\leqslant n-k$。

令 $d(\mathbf{A})=\max\limits_{1\leqslant h\leqslant m}\{i_h+j_h\}-\min\limits_{1\leqslant h\leqslant m}\{i_h+j_h\}$。

因为 $\mathbf{F}_s$ 是反链，由 $\mathbf{A}$ 是容量最大的反链，显然，$|\mathbf{A}|\geqslant\max\limits_{s}\{f_s\}$。因此，只须证
$$|\mathbf{A}|\leqslant\max\limits_{s}\{f_s\}$$
即可。

若 $d(\mathbf{A})=0$，则 $i_1+j_1=i_2+j_2=\cdots=i_m+j_m$，所

以，$\mathbf{A} \subsetneq \mathbf{F}_{i_1+j_1}$，从而，有
$$|\mathbf{A}| \leqslant \max_s \{f_s\}$$

若 $d(\mathbf{A}) > 0$，记 $h_0 = \min\{h \mid i_k + j_h \neq i_{h+1} + j_{k+1}\}$，则 $i_{h_0+1} \geqslant i_{h_0} + 2$ 和 $j_{h_0} j_{h_0+1} + 2$ 之一成立. 因为，如果两者均不成立. 于是，有 $i_{h_0+1} < i_{h_0} + 2$ 和 $j_{h_0} < j_{h_0+1} + 2$. 由上述假定，得 $i_{h_0+1} = i_{h_0} + 1$ 和 $j_{h_0} < j_{h_0+1} + 2$. 亦即 $i_{h_0} + j_{h_0} = j_{h_0+1} + i_{h_0+1}$. 与 h_0 定义不符.

假定 $j_{h_0} \geqslant j_{h_0+1} + 2$ 成立 (对于 $i_{h_0+1} \geqslant i_{h_0} + 2$ 的情况，类似可以证明) 现在分两种情形证明.

情形1 如果 $\binom{n-k}{j_{h_0}} < \binom{n-k}{j_{h_0}+1}$，由二项式系数的单峰性，得

$$\binom{n-k}{j_m} < \binom{n-k}{j_m+1} < \cdots < \binom{n-k}{j_{h_0}+1}$$
$$< \binom{n-k}{j_{h_0+1}+1} < \binom{n-k}{j_{h_0}} < \binom{n-k}{j_{h_0}+1}$$

令 $\partial(\mathbf{A}_j^2) = \{y \in \mathbf{B}_{j+1}^{n-k} \mid 存在 x \in \mathbf{A}_j^2, 使 x \subseteq y\}$. 不难证明
$$|\partial(\mathbf{A}_{j_m}^2)| \geqslant |\mathbf{A}_{j_m}^2|, \cdots, |\partial(\mathbf{A}_{j_{h_0+1}}^2)| \geqslant |\mathbf{A}_{j_{k_0+1}}^2|$$

又令 $A' = (\bigcup_{l=1}^{h_0} \mathbf{A}_{i_l}^1 \times \mathbf{A}_{j_l}^2) \cup (\bigcup_{l=h_0+1}^{m} \mathbf{A}_{i_l}^1 \times \partial(\mathbf{A}_{j_l}^2))$. 显然，$\mathbf{A}'$ 仍是反链，且 $|\mathbf{A}'| \geqslant |\mathbf{A}|$.

若 $d(\mathbf{A}') = 0$，则定理得证. 否则，用 $\mathbf{A}'$ 代替 $\mathbf{A}$，反复上面过程，最后直到它们之间下标之和恒等.

情形2 如果 $\binom{n-k}{j_{h_0}} > \binom{n-k}{j_{h_0}+1}$，由二项式系数的单峰性得

第6章 有限子集系的斯潘纳尔系

$$\binom{n-k}{j} > \binom{n-k}{j+1} > \cdots > \binom{n-k}{j_{h_0}-1}$$
$$> \binom{n-k}{j_{h_0-1}+1} > \binom{n-k}{j_{h_0}} > \binom{n-k}{j_{h_0}+1}$$

令 $\rho(\mathbf{A}_j^2) = \{y \in \mathbf{B}_{j-1}^2 \mid 存在 x \in \mathbf{A}_j^2, 使得 x \supseteq y\}$. 容易验证, $|\rho(\mathbf{A}_{j_1}^2)| \geqslant |\mathbf{A}_{j_1}^2|, \cdots, |\rho(\mathbf{A}_{j_{h_0}}^2)| \geqslant |\mathbf{A}_{j_{h_0}}^2|$.

记 $\mathbf{A}' = \bigcup\limits_{l=1}^{h_0} \mathbf{A}_{i_l}^1 \times \rho(\mathbf{A}_{j_l}^2) \bigcup (\bigcup\limits_{l=h_0+1}^{m} \mathbf{A}_{i_l}^1 \times \mathbf{A}_{j_l}^2)$. 易证, $\mathbf{A}'$ 仍是反链, 且 $|\mathbf{A}'| \geqslant |\mathbf{A}|$.

如果 $d(\mathbf{A}') = 0$, 那么定理获证. 否则, 用 $\mathbf{A}'$ 代替 $\mathbf{A}$, 反复上述过程, 最后直到它们之间下标之和恒等.

综合上述情形1和情形2, 得 $A \leqslant \max\limits_{s}\{f_s\}$.

定理 6.4 若 Y 是 $X = \{1, 2, \cdots, n\}$ 的一个子集, $|Y| = k(0 < k \leqslant n)$, 则 $\mathbf{F} = \bigcup\limits_{\substack{a \subsetneq Y \\ |a| = t}} \langle a \rangle (0 < t \leqslant k)$, 是层次有限偏序集, 且它的 Whitney 数为

$$f_m = \sum_{i=t}^{k} \binom{k}{i} \binom{n-k}{m+t-i}$$

证明 $\mathbf{F}$ 是层次有限偏序集是显然的, 因此, 只需求它的 Whitney 数 f_m.

因为 $\mathbf{F} \cong \bigcup\limits_{\substack{t \leqslant i \leqslant k \\ 0 \leqslant j \leqslant n-k}} \mathbf{B}_i^k \times \mathbf{B}_j^{n-k} = \bigcup\limits_{\substack{0 \leqslant i \leqslant k \\ 0 \leqslant j \leqslant n-k}} \mathbf{B}_i^k \times \mathbf{B}_j^{n-k} \setminus \bigcup\limits_{\substack{0 \leqslant i \leqslant t-1 \\ 0 \leqslant j \leqslant n-k}} \mathbf{B}_i^k \times \mathbf{B}_j^{n-k}$, 于是, 有

$\mathbf{F}_m \cong \bigcup\limits_{0 \leqslant i \leqslant k} \mathbf{B}_i^k \times \mathbf{B}_{m+t-i}^{n-k} \setminus \bigcup\limits_{0 \leqslant i \leqslant t-1} \mathbf{B}_i^k \times \mathbf{B}_{m+t-i}^{n-k} = \bigcup\limits_{t \leqslant i \leqslant k} \mathbf{B}_i^k \times \mathbf{B}_{m+t-i}^{n-k}$

从而得

$$f_m = |\mathbf{F}_m| = \sum_{i=t}^{k} \binom{k}{i} \binom{n-k}{m+t-i}$$

第 7 章 直积与格

§1 一些准备

从阿贝尔(Abel)群的理论中我们知道,存在这样一些群,它们可分解成直积,但不能分解为不可分解群的直积.这就引出这样的问题:在什么条件下此种分解是可能的?下面定理给出部分的解答.

如果群 G 的直因子的所有降链都中断,则此群不可能分解成无穷多个子群的直积,而它的任意具有有限多个因子的直分解都可接续成其因子都是不可分解群的一个分解.

事实上,若群 G 有具无穷多个因子的直分解,则存在其因子集是可数的一个分解,并设
$$G = A_1 \times A_2 \times \cdots \times A_n \times \cdots$$

第 7 章 直积与格

是它们中的一个. 若令
$$B_k = A_k \times A_{k+1} \times \cdots$$
则
$$G = B_1 \supseteq B_2 \supseteq \cdots \supseteq B_k \supseteq \cdots$$
将是群 G 的直因子组成的无穷递降序列. 定理的前一半证完.

今设
$$G = H_1 \times H_2 \times \cdots \times H_k$$
是群 G 的一个直分解,并且它不能接续成具不可分解因子的一个分解. 由之得,此分解至少含一个直因子,例如 H_1,它可分解但不能分解成不可分解因子的直积. 取群 H_1 的某个直分解 $H_1 = H_{11} \times H_{12}$. 显然,这两个也是 G 的直因子 H_{11} 和 H_{12},其中至少有一个又是可分解的但没有具不可分解因子的分解. 继续这个过程,我们便得群 G 的一个无限递降直因子链.

在所证明的这个定理的叙述中关于群 G 直因子降链中断的假设可以换成直因子升链中断的条件. 事实上,若给定群 G 的无限递降直因子序列
$$G \supseteq H_1 \supseteq H_2 \supseteq \cdots \supseteq H_n \supseteq \cdots$$
则由 $H_n = H_{n+1} \times F_n (n=1,2,\cdots)$ 我们便得一个升序列
$$F_1 \subseteq (F_1 \times F_2) \subseteq \cdots \subseteq (F_1 \times F_2 \times \cdots \times F_n) \subseteq \cdots$$
它也是由群的直因子组成的. 这样,由直因子升链的中断可引出直因子降链的中断来,随之上面证过的定理也是成立的.

推论 一个群,若它的所有降或升不变链都中断,特别若它具有主列时,则它可分解为有限个不可分解因子的直积.

我们曾指出一系列不可分解群的例子.其次我们还知道,任意可分解成自由积的群都不能分解成直积.这个结果还说明,不存在异于 E 的这样的群,它是以之为子群的任意群之直因子.因而下面定理就显得有趣了,因为它使得我们从新的角度看待完全群.

任一个完全群,若它是某个群的正规子群,则它也必是此群的直因子.

证明 设群 G 含有一个正规子群 A,后者是完全群.用 B 表示 A 在 G 中的中心化子.它是 G 的正规子群.因为 A 没有中心,故正规子群 A 和 B 之交等于 E,因此 A 和 B 在 G 中形成直积.此直积和整个群 G 重合,这是因为,若 g 是 G 中任意元素,则用此元素去变形正规子群 A 就确定完全群 A 的一个自同构,它应是内自同构,即是由 A 的一个元素的变形产生的.由之得元素 $b=ga^{-1}$ 与 A 中每一元素都可换,随之属于 B 中,因此
$$g = ba \in A \times B$$
即 $G=A \times B$.

可以证明,只有完全群具有在此定理中所讨论过的这个性质.

在下面我们讨论群直积理论中两个基本问题.第一个问题是,在什么条件下,一个群的两个任意直分解具有共同的接续,因而,这样的群没有多于一个具不可分解因子的直分解.阿贝尔群,特别是有限的阿贝尔群,说明一个群只有唯一具不可分解因子之直分解的情况是很少的.然而,在非交换情况这是较常见的;下面我们将指出,作为特例,所有无中心的群,以及所有与自己的换位子群重合的群都具有上面我们感兴趣的

第 7 章　直积与格

这个性质.

一个更重要的问题是,在什么条件下一个群的两个任意直分解具有同构的接续,因而,一个群的任意两个具不可分解因子的直分解彼此是同构的,这里当然要假设此群是有这样的分解. 我们知道,阿贝尔群的许多重要类型都有上面指出的这个性质. 同时,存在准素阿贝尔群,它们具有直分解而这些直分解没有同构的接续. 对于带算子的阿贝尔群且能分解成有限个不可分解群的直积的情形 Krull 给出了相应的例子,而 Курош 构造了不带算子的群,它有两个不同构的直分解,其中每一个都由两个不可分解因子组成. 下面就来叙述这个例子.

考察群 A,它具有生成元 a_1 和 a_2 以及一个定义关系式

$$a_1^2 = a_2^2$$

这是具有相重子群 $\{a\}$ 的两个无限循环群的自由积,其中

$$a = a_1^2 = a_2^2$$

可得,群 A 的中心是子群 $\{a\}$ 而 A 不含有异于 1 的有限阶元素. 随之,群 A 不可分解成直积,这是因为,若要是有这样的分解,则中心 $\{a\}$ 必将完全含于其中一个直因子中,而此时元素 a_1, a_2 的每一个在第二个因子中的分量都有不大于 2 的阶.

另外,我们考察群 B,它具有生成元 b_1 和 b_2 以及一个定义关系式

$$b_1^3 = b_2^3$$

和上面一样,群 B 的中心是子群 $\{b\}$,其中

$$b = b_1^3 = b_2^3$$

Sperner 引理

B 不含异于 1 的有限阶元素且不可分解成直积.

要找的群 G 就是群 A 和 B 的直积
$$G = A \times B \tag{7.1}$$
为了构造群 G 的另一个直分解且它不和分解(7.1)同构,我们令
$$c = a^3 b^{-2}, d = a^{-1} b$$
$$c_1 = aa_1 b^{-1}, c_2 = aa_2 b, c_3 = ab^{-1} b_1, c_4 = ab^{-1} b_2 \tag{7.2}$$
设
$$C = \{c_1, c_2, c_3, c_4\}, D = \{d\}$$
因为由式(7.2)可得等式
$$c_1 d = a_1, c_2 d = a_2, c_3 d = b_1, c_4 d = b_2$$
故
$$G = \{C, D\}$$
其次,子群 C 和 D 元素间是可换的,这是因为 D 在群 G 的中心里面.

现在来找子群 C 和 D 的交. 由式(7.2) 得
$$c_1^2 = c_2^2 = c_3^3 = c_4^3 = c$$
以及 c_1, c_2 两元素中的每一个和 c_3, c_4 两元素中的每一个是可换的. 注意到元素 c 属于群的中心,由之便得,子群 C 中任意元素 x 可写成下面的乘积形式:元素 c 的一个幂乘以长为 $l_1(l_1 \geqslant 0)$ 的一个字,其中元素 c_1 和 c_2 的一次幂交替出现,再乘以长为 $l_2(l_2 \geqslant 0)$ 的一个字,其中元素 c_3 和 c_4 的一次幂和二次幂交替出现. 在此表示法中把元素 c_1, c_2, c_3, c_4 代以它们在式(7.2)中的表达式,就可把元素 x 表成下面的乘积形式:中心的一个元素乘以长为 l_1 的字,其中元素 a_1 和 a_2 的一次幂交替出现,再乘以长为 l_2 的字,其中元素 b_1 和 b_2 的一

第 7 章 直积与格

次幂和二次幂交替出现. 随之, 元素 x 属于群 G 的中心仅当 $l_1 = l_2 = 0$ 时, 亦即若 x 是元素 c 之幂时. 由此得
$$C \cap D = \{c\} \cap D = E$$
这就证明了存在有直分解
$$G = C \times D \qquad (7.3)$$
它显然是不与分解(7.1)同构. 分解(7.3)中的两个因子都是不可分解的, 这对 D 是显然的而对 C 可像上面对群 A 那样去证, 不过此时要注意到群 C 的中心是子群 $\{c\}$, 这可由上段中所说过的得到.

与刚才讨论的相似的一些例子的存在使得下面的工作变成很自然的了: 去寻找更广的一些群类, 对它们可以证明两个任意具不可分解因子的直分解是同构的, 或者更一般地, 对任意两个直分解都存在同构的接续. 对于任意有限群, Remak 证明了, 而 Шмидт 又重新证了. 晚一些, Шмидт 对具有主列并且允许有任意的算子集的群证明了相应的定理. 这个 Шмидт 定理是一系列研究的出发点.

下面我们来叙述 Korinek 定理: 若在群 G 的中心, 子群的降链中断, 则群 G 的两个任意直分解具有中心同构的接续.

其次, 发现了直积的理论最适宜在 Dedekind 格的理论中去研究. Ore 把 Шмидт 定理本身移植到 Dedekind 格上去. 延此方向进一步的结果包含在上面提到过的 Курош 的著作中, 以及 Граев, Baer, Лившиц 的著作中, 在 §5 中我们将证明 Курош 的一个定理, 由之可得出 Шмидт 定理; 并且为了弄得非常清晰, 我们将使用格论和群论相混合的方法. 把此定理移植到格论中可在 Лившиц 的著作中找到.

中心同构 群 G 的两个子群 A 和 B 叫作中心同构的,若它们同构并且在其间存在有一个同构对应 φ(若考察的群是带算子的,则它也是带算子的),使得对任意 $a\in A$,元素 ab^{-1} 属于群 G 的中心,其中 $b=a\varphi$. 注意在此情况有

$$b^{-1}a=b^{-1}(ab^{-1})b=ab^{-1}$$

群 G 的两个直分解叫作中心同构的,如果在这两个分解的因子之间存在一个一一对应,使得互相对应着的因子是中心同构的. 通常群的直分解的同构常是中心同构.

在后面将用到下面的引理:

引理 7.1 若 $G=A_1\times B=A_2\times B$,则子群 A_1 和 A_2 是中心同构的.

事实上,子群 A_1 和 A_2 是同构的,因为它们都同构于商群 G/B. 在此同构对应下 A_1 和 A_2 中相互对应的元素 a_1 和 a_2 属于对 B 的同一陪集中,即是在 B 中有元素 b,使得 $a_1=a_2b$. 元素 b 和 A_2 中任意元素都可换. 另外,B 中任意元素和 a_1,a_2 都可换,因而和元素 b 也是可换的. 这样,元素 b 含在群 G 的中心内.

这个引理使得我们在证明直分解的中心同构时可以使用下面的方式. 设给定群 G 的两个直分解

$$G=\prod_\alpha A_\alpha=\prod_\alpha B_\alpha \tag{7.4}$$

且在它们的因子间已建立了一个一一对应. 其次,设第一个分解中的任意因子 A_α 可在第二个分解中代替对应于它的因子 B_α,即对任意 α 有直分解

$$G=A_\alpha\times\prod_{\beta\neq\alpha}B_\beta$$

在这种情况下,由引理便知直分解 (7.4) 是中心同构

的. 在直积理论中对代替这一概念的各种不同方案的研究可在 Baer 的相关著作中找到.

§2 格

在群论的所有领域内,子群的概念都起着特别重要的作用. 在合成列和直积的理论中这个作用就更是巨大;在这些理论中,在基本概念(直积,主列)的定义内,以及在很大程度上在基本定理的叙述中出现的不是群的元素及其乘法,而只是子群(或正规子群)及其集论意义下的包含关系以及交和并的运算. 因此把类似于群的所有子群或所有正规子群集的结构,用公理刻画后,作为一个独立研究对象就变成自然而合理的了. 这种性质的结构,将称之为格,在数学的非常不同的领域中经常碰到并且关于它们的理论充分广泛地建立起来了. 在本节和下一节中将只介绍格的一些基本定义和初等性质,它们将在后面直积理论中被用到.

集 S 叫作偏序集,如果在其中对某些元素对 (a,b) 定义了关系 $a \leqslant b$(读作: a 在 b 中, a 在 b 前, a 小于或等于 b)且满足以下条件:

(1) $a \leqslant a$;

(2) 由 $a \leqslant b, b \leqslant a$ 有 $a = b$, 即元素 a, b 重合;

(3) 由 $a \leqslant b, b \leqslant c$ 有 $a \leqslant c$(传递性).

符号 $a < b$ 将表示 $a \leqslant b$ 而 $a \neq b$. 符号 $a \geqslant b$(读作: a 包含 b, a 在 b 后, a 大于或等于 b) 和 $a > b$ 相应地等价于 $b \leqslant a$ 和 $b < a$.

偏序集 S 叫作格,如果它满足下面两个条件:

Sperner 引理

(i) 对 S 中任意元素对 (a,b) 在 S 中有元素 $c=ab$, a 和 b 之积, 使得
$$c \leqslant a, c \leqslant b$$
并且若某个元素 c' 也有性质 $c' \leqslant a, c' \leqslant b$, 则有 $c' \leqslant c$.

(ii) 对 S 中任意元素对 (a,b) 在 S 中有元素 $d=a+b$, a 和 b 之和, 使得
$$d \geqslant a, d \geqslant b$$
并且若某个元素 d' 也有性质 $d' \geqslant a, d' \geqslant b$, 则有 $d' \geqslant d$.

这个定义依赖于集论中序的概念. 它可以换成下面的完全代数的定义.

集 S 叫作格, 如果在其中定义了两个代数运算, 乘和加, 把 S 中任意元素对 (a,b) 对应于它们的积 ab 和它们的和 $a+b$, 且这些运算是交换的和结合的
$$ab=ba, a+b=b+a \qquad (7.5)$$
$$a(bc)=(ab)c, a+(b+c)=(a+b)+c \quad (7.6)$$
并对任意 $a \in S$ 满足条件
$$aa=a, a+a=a \qquad (7.7)$$
而它们之间适合条件

若 $ab=a$ 则 $a+b=b$, 反过来也对 $\qquad (7.8)$

今证这两个定义的等价性. 在第一个定义中引入的两个元素的乘积与和是单值的, 这是因为, 如果在公理 I 中元素 $\bar{c}$ 也能起元素 c 的作用, 则有 $c \leqslant \bar{c}, \bar{c} \leqslant c$, 由之 $\bar{c}=c$. 因而我们这里实际上是与代数运算打交道. 对于它们条件(7.5)和(7.7)是显然成立的. 作为示范, 下面来验证对乘法的条件(7.6). 因为, 依(i) 有
$$a(bc) \leqslant a$$

第7章 直积与格

$$a(bc) \leqslant bc \leqslant b$$
$$a(bc) \leqslant bc \leqslant c$$

则又由(i)有

$$a(bc) \leqslant ab$$
$$a(bc) \leqslant (ab)c$$

类似地有 $(ab)c \leqslant a(bc)$，由之依(2)得 $a(bc)=(ab)c$.

最后，我们来证明条件(4)是成立的. 依 Ⅰ 由 $ab=a$ 得 $a \leqslant b$，即 $b \geqslant a$，又因为依(1)还有 $b \geqslant b$，故依 Ⅱ，$b \geqslant a+b$. 另一方面，由于 Ⅱ 有 $b \leqslant a+b$. 因此依(2)得 $a+b=b$. 反过来也是对的.

这样，第二个定义可以从第一个推出. 今证，第一个也可由第二个推出. 假若在集 S 中定义了具有性质 (7.5)—(7.8) 的运算，则当元素 a,b 间有等式 $ab=a$ 和 $a+b=b$ 之一，这时依性质(7.8)也必有另一个等式，我们就令 $a \leqslant b$. 这就在集 S 中引入偏序. 事实上，由性质(7.7)有 $a \leqslant a$. 其次，若同时有 $a \leqslant b$ 和 $b \leqslant a$，则 $ab=a,ba=b$；但由性质(7.5) $ab=ba$，故 $a=b$. 最后，若 $a \leqslant b, b \leqslant c$，即有 $ab=a, bc=b$，则由式(7.6)有

$$ac=(ab)c=a(bc)=ab=a$$

即有 $a \leqslant c$.

现在来证条件(i)成立. 由

$$(ab)a=a(ba)=a(ab)=(aa)b=ab$$

得 $ab \leqslant a$. 类似地 $ab \leqslant b$. 这时若从 S 中任取一元 c'，它满足条件 $c' \leqslant a, c' \leqslant b$，即有 $c'a=c', c'b=c'$，则

$$c'(ab)=(c'a)b=c'b=c'$$

由之得 $c' \leqslant ab$. 这样，元素 ab 是元素 a,b 在条件(i)意义下的积. 类似地可证明，元素 $a+b$ 是元素 a,b 在条件(ii)意义下的和.

Sperner 引理

一个群 G 的所有子群之集是格的一个例子, 且对群论说是重要的例子. 在子群集中子群之间的集合包含关系起序关系的作用, 两个子群的交就是它们在格论意义下的积, 两个子群的并 (即指由它们生成的子群) 就是它们在格论意义下的和. 一个群的所有正规子群的集, 以及一般地一个给定群关于某个算子域的所有容许子群之集对于这些运算都是格.

格 S 的子集 S' 叫作 S 中的一个子格, 如果关于在 S 中定义的运算它是一个格, 即是对其中任意两个元素它还包含这两元素的积与和. 例如, 正规子群的格是此群的所有子群之格的一个子格, 因为正规子群的交与并仍是正规子群. 应当特别强调一下, 在定义子格时利用的是定义在格中的运算, 而不是偏序关系; 格 S 的一个子集, 它关于 S 中的偏序关系做成一个格, 但它不是永远也就满足上面给出的子格定义.

在格 S 的元素中可能存在一个元素, 它含于格的任意其他元素中. 这个(若它存在, 则必是唯一的)元素记作符号 0, 并称之为格的零元; 显然, 它满足条件, 对任意 $a \in S$, 有

$$a \cdot 0 = 0, a + 0 = a$$

格 S 还可能具有这样的元素, 它包含任意其他元素. 此元素用符号 1 表之, 并称之为格的单位元; 它满足条件: 对任意 $a \in S$, 有

$$a \cdot 1 = a, a + 1 = 1$$

在群 G 的所有子群之格中单位子群 E 起零元的作用, 而整个群 G 起单位元的作用.

格 S 和 S' 叫作同构的, 如果在它们的元素间可以建立一个一一对应, 且在此对应下 S 中两个任意元素

之和映到 S' 中其象之和上,而它们的积映到其象之积上.利用存在于格的运算和偏序之间的联系,还可将这说成是,格的同构对应是它们间的一一对应,且它保持存在于这些格内的序关系.

完备格 在谈到一个群的子群格或正规子群格时,我们只是利用对有限个子群或正规子群的交和并之存在性.但实际上在群中任意多个子群之并和交和任意多个正规子群之并和交都是一意确定的.群的所有子群的全体,还有所有正规子群的全体或者更一般地在某一算子域下所有容许子群的全体都是一种称作完备格的结构的例子.

偏序集 S 叫作完备格,如果对 S 中任意元素 a_α(α 历遍一个足码集 M)的集在 S 中存在具有下面性质的元素 c 和 d:

(1) 对所有 $\alpha \in M$ 有 $c \leqslant a_\alpha$,并且若某一元素 c' 也满足条件:对所有 $\alpha \in M, c' \leqslant a_\alpha$,则 $c' \leqslant c$.

(2) 对所有 $\alpha \in M$ 有 $d \geqslant a_\alpha$,并且若某一元素 d' 也满足条件:对所有 $\alpha \in M, d' \geqslant a_\alpha$,则 $d' \geqslant d$.

一一确定的元素 c 和 d 依次叫作元素 a_α($\alpha \in M$) 的积与和,并用符号记作

$$c = \prod_{\alpha \in M} a_\alpha, d = \sum_{\alpha \in M} a_\alpha$$

容易明白,任意完备格也是格,因此对有限积与和仍使用过去使用的记法.

完备格的定义也可采用下面形式.

集 S 叫作完备格,如果在其中对任意子集唯一地定义了积与和,并且满足格的定义中之条件(7.8),以及下面条件:若在 S 中给定元素 $a_\alpha, \alpha \in M$ 且若足码集 M 任意地表成子集 $M_\beta, \beta \in N$, 的并,则有

Sperner 引理

$$\prod_{\beta \in N}(\prod_{\alpha \in M_\beta} a_\alpha) = \prod_{\alpha \in M} a_\alpha \qquad (7.9)$$

$$\sum_{\beta \in N}(\sum_{\alpha \in M_\beta} a_\alpha) = \sum_{\alpha \in M} a_\alpha \qquad (7.10)$$

它的特殊情形就是格的定义中之条件(7.5)(7.6) 和 (7.7).

从完备格的第一个定义可得第二个定义. 事实上,我们知道,由第一个定义可得条件(7.8). 剩下要证的是等式(7.9) 和(7.10). 我们来证其中的一个,譬如第一个. 设

$$\prod_{\alpha \in M} a_\alpha = c, \prod_{\alpha \in M_\beta} a_\alpha = c_\beta, \prod_{\beta \in N} c_\beta = \bar{c}$$

此时 $c \leqslant a_\alpha, \alpha \in M_\beta$,即有 $c \leqslant c_\beta$,因而 $c \leqslant \bar{c}$. 另外,对任意 $\alpha \in M$ 有 N 中的 β,使得 $\alpha \in M_\beta$,因而 $c_\beta \leqslant a_\alpha$. 由之得

$$\bar{c} \leqslant c_\beta \leqslant a_\alpha, \alpha \in M$$

即有 $\bar{c} \leqslant c$. 这样便有等式 $c = \bar{c}$,即证明了式(7.9).

由完备格的第二个定义可得第一个. 事实上,我们知道,由它可得 S 是格,并且 $a \leqslant b$,当且仅当 $ab = a$,随之, $a + b = b$. 今设在 S 中给出任意元素 $a_\alpha, \alpha \in M$,的集合并设

$$\prod_{\alpha \in M} a_\alpha = c$$

此时由于等式(7.9) 对任意 $\alpha_0 \in M$ 有

$$a_{\alpha_0} c = a_{\alpha_0} \cdot \prod_{\alpha \in M} a_\alpha = \prod_{\alpha \in M} a_\alpha = c$$

即对所有 $\alpha \in M$ 有 $c \leqslant a_\alpha$. 另外,若对所有 $\alpha \in M$ 元素 c' 有性质 $c' \leqslant a_\alpha$,即 $c' a_\alpha = c'$,则再依等式(7.9) 有

$$c'c = c'\prod_{\alpha \in M} a_\alpha = \prod_{\alpha \in M}(c' a_\alpha) = \prod_{\alpha \in M} c' = c'$$

由此有 $c' \leqslant c$. 对于元素 $a_\alpha, \alpha \in M$ 的和可以得到类似的结果.

任意完备格有零元和单位元. 它们顺序为格中所有元素的积与和.

§3 Dedekind 格和完全 Dedekind 格

格定义中条件 (7.8) 给出格运算乘法和加法之间的联系. 这联系是非常弱的. 在很多情况, 看来有必要对所研究的格附加以补充的限制, 使得这个联系更紧密一些. 对我们最习惯的当然是分配律

$$(a+b)c = ac+bc$$

一个格, 若在其中这个律对任意三个元素都成立, 则称之为分配格, 它在数学的许多部门中是格的一个很自然的类型, 但对群论来说这个限制是太强了. 实际上, 其所有子群的格是分配格的群组成一个非常窄的类, 这可由下面的定理看出.

定理 7.1 一个群具有分配子群格, 当且仅当它或者是循环群或者是循环群的递增列的并.

事实上, 若给定一个无限循环群 $\{a\}$, 则此群的任意子群具有形如 $a^k (k \geqslant 0)$, 的唯一生成元. 易见, 当 $k \geqslant 0, l \geqslant 0$ 时

$$\{a^k\} \cap \{a^l\} = \{a^{[k,l]}\}, \{a^k\} \cdot \{a^l\} = \{a^{(k,l)}\}$$

其中 $[k,l]$ 是 k,l 的最小公倍数, (k,l) 是它们的最大公因数. 换言之, 无限循环群的子群格同构于非负整数格, 其中格的乘法是取最小公倍而格的加法是取最大公约, 亦即把关系 $m \leqslant n$ 取为关系 "n 整除 m". 证明以

Sperner 引理

上这个格的分配性是没有什么困难的:若素数 p 的 α,β 和 γ 次幂顺序整除 k,l 和 m,则数 p 的 $\max(\min(\alpha,\beta),\gamma)$ 和 $\min(\max(\alpha,\gamma),\max(\beta,\gamma))$ 次幂就顺序整除数 $[(k,l),m]$ 和 $([k,m],[l,m])$;但易见这些指数是相等的.

用同样方法可以证明,n 阶有限循环群的子群格同构于数 n 的所有正因数做成的格,其格运算和上面的一样.此格是上面刚谈到的格之子格因而也是分配格.至于循环群升列之并的子群格是分配的,则它易从上面说过的得出.

转来证明反方向的结论.先假设给我们的群 G 有两个生成元,$G = \{a,b\}$,具有分配子群格但不是循环群.引入记号

$$A = \{a\}, B = \{b\}$$

其次,约定,所谓一个元素 c 关于某个子群 U 的阶,是这样的最小正指数 n,如果它存在的话,可使得元素 c 的 n 次幂恰好进入 U 中,否则就规定阶为零.设元素 c 不在子群 A 和 B 中且关于这些子群依次有阶 n_1 和 n_2. 此时

$$\{c\} \bigcap A = \{c^{n_1}\}, \{c\} \bigcap B = \{c^{n_2}\} \quad (\alpha)$$

其次,由

$$\{A,B\} \bigcap \{c\} = G \bigcap \{c\} = \{c\}$$

并利用分配律可得

$$\{A \bigcap \{c\}, B \bigcap \{c\}\} = \{c\}$$

换言之,$\{c^{n_1}, c^{n_2}\} = \{c\}$,即是存在整数 x 和 y,使得

$$c^{n_1 x + n_2 y} = c$$

注意到元素的选择,知数 n_1 和 n_2 异于 1,除此之外,若元素 c 在 G 中有有限阶 n,则 n_1,n_2 必是 n 的因数,故它

第 7 章 直积与格

们中任一个都不等于 0. 由之可得元素 a 以及元素 b 关于交 $D=A\cap B$ 的阶 m_1 和 m_2 也都异于零,并且显然这些阶和在子群 A 和 B 中生成元 a,b 的选择无关. 为了以后我们将认定这些生成元的选择满足关系 $a^{m_1}=b^{m_2}=d$;这样选择生成元是可能的,因为这可由以下事实得出:若在循环群中给定一指数 m 的子群,则此子群的任意生成元是群的某个生成元的 m 次幂.

数 n_1 和 n_2 是互素的. 当 c 有无限阶时,这是显然的,在相反的情况,这可由

$$n_1 x + n_2 y \equiv 1 \pmod{n}$$

得出,因为 n_1 是 n 的因数. 这样,存在数 x_0 和 y_0,使得 $n_1 x_0 + n_2 y_0 = 1$.

今令 $c=b^{-1}ab$. 由等式 (α) 得,元素 $b^{-1}a^{n_1}b$ 含在子群 A 中且元素 a^{n_2} 等于元素 b 的某个幂因而与 b 是可换的. 由之得

$$b^{-1}ab = b^{-1}a^{n_1 x} \cdot b \cdot b^{-1}a^{n_2 y_0}b = (b^{-1}a^{n_1}b)^{x_0} \cdot a^{n_2 y_0} \in A$$

类似地 $a^{-1}ba \in B$. 这就证明了子群 A,B 是 G 中的正规子群.

现在来证,数 m_1 和 m_2 也是互素的. 实际上,若是它们有一个共同素因数 p,则顺序在 A 和 B 中就将能找到元素 a' 以及 b',它们不在 D 内且关于 D 有阶 p,且 $a'^p = b'^p = d$. 这时元素 $c=a'b'$ 将不在子群 A 和 B 中;但是,利用这些子群的不变性,我们将有 $c^p \in A$ 和 $c^p \in B$. 这和上面证过的元素 c 关于 A 和 B 的阶是互素的相矛盾.

易见,换位子 $d_0 = a^{-1}b^{-1}ab$ 含在 D 中. 由等式 $ab = bad_0$,并注意到元素 d_0 和元素 a 与 b 是可换的,用一下数学归纳法可得对所有正整数 i 和 j 有等式

Sperner 引理

$$ab^i = b^i a d_0^i, \quad a^j b = b a^j d_0^j$$

在这些等式中令 $i = m_2, j = m_1$，我们有

$$d_0^{m_1} = d_0^{m_2} = 1$$

由之得 $d_0 = 1$，即 $ab = ba$。这样群 G 就是个阿贝尔群。若取数 u 和 v 满足等式 $m_1 v + m_2 u = 1$，则与开始时的假设相反，G 还是以 $a^u b^v$ 为生成元的循环群。

现在设给定具有分配子群格的任意一个群 G。由上面证过的得，G 的任意两个，因而任意有限多个元素生成一个循环子群。这样，群 G 是阿贝尔群，并且或者是无扭群或者是周期群。在第一种情况它是秩为 1 的群，它是无限循环群的递增列之并，而在第二种情况群 G 可分解成对于不同素数 p 的准素群之直积。任意一个这样的准素因子仅有唯一的 p 阶循环子群，因而它或者是阶为某个 p^n 的有限循环群，或者是 p^∞ 型群。然而容易看出，p^∞ 型群的直积，其中 p 遍历所有不同的素数 $p_1, p_2, \cdots, p_k, \cdots$，是一些有限循环群递增列之并，这些群具有阶 $p_1, p_1^2 p_2, p_1^3 p_2^2 p_3, \cdots$。此群的任意子群也是有限循环群的递增列之并。这样，定理证完。

对群论有着极大好处的是 Dedekind 格，它组成一个较分配格广泛得多的格类，Dedekind 格和分配格的差别在于假设分配律

$$(a+b)c = ac + bc$$

仅在下面条件下是成立的：括号内的和中有一个加项，例如 a，包含在 c 中，因而这时也有 $ac = a$。换言之，格 S 叫作 Dedekind 格，如果满足条件：

(D) 若 $a \leqslant c$，则 $(a+b)c = a + bc$。

可以用许多和 (D) 等价的其他形式给出 Dedekind 格的定义。今指出下面一个定义，它经常是

第7章 直积与格

很有益的:格 S 是 Dedekind 格当且仅当满足条件:

(D′) 若给出元素 a,b 和 c,并且 $a \leqslant b$,且若
$$ac = bc, a+c = b+c$$
则 $a = b$.

今证条件(D) 和(D′) 的等价性. 设条件(D) 被满足并设在 S 中给定元素 a,b 和 c,使得 $a \leqslant b, ac = bc$ 和 $a+c = b+c$. 这时有
$$(a+c)b = (b+c)b = b$$
另外,由(D) 有
$$(a+c)b = a + cb = a + ac = a$$
由之得 $a = b$.

现在设条件(D′) 被满足并设在 S 中给定元素 a,b 和 c 且 $a \leqslant c$. 引入记号
$$\bar{a} = a + bc, \bar{b} = (a+b)c, \bar{c} = b$$
因为 $a + bc \leqslant a + b$ 及 $a + bc \leqslant c$,故 $\bar{a} \leqslant \bar{b}$. 其次,由 $a + bc \leqslant c$ 得 $(a+bc)b \leqslant bc$,又因为 $a + bc \geqslant bc, b \geqslant bc$,由之 $(a+bc)b \geqslant bc$,故有 $\bar{a}\bar{c} = bc$. 另外,由于 $a + b \geqslant b$,有
$$\bar{b}\bar{c} = (a+b)cb = bc$$
即 $\bar{a}\bar{c} = \bar{b}\bar{c}$. 最后,由于 $bc \leqslant b$ 有
$$\bar{a} + \bar{c} = a + bc + b = a + b$$
另外,由 $(a+b)c \geqslant a$ 得 $(a+b)c + b \geqslant a + b$,又因为 $(a+b)c \leqslant a + b, b \leqslant a + b$,故 $(a+b)c + b \leqslant a + b$,即有 $\bar{b} + \bar{c} = a + b$,由之得 $\bar{a} + \bar{c} = \bar{b} + \bar{c}$. 这时把条件(D′) 应用到元素 $\bar{a}, \bar{b}, \bar{c}$ 上便得 $\bar{a} = \bar{b}$,即 $a + bc = (a+b)c$.

对于群论,Dedekind 格的意义基于下面的定理.

定理 7.2 任意一个群的所有正规子群的格是 Dedekind 格.

Sperner 引理

我们使用条件(D′)来证明. 设在群 G 中给出正规子群 A,B 和 C，且 $A \subsetneqq B, A \cap C = B \cap C, \{A,C\} = \{B,C\}$. 因为 $B \subsetneqq \{A,C\}$，故 B 中任意元素 b 具有形式 $b = ac$，其中 $a \in A, c \in C$. 由之 $c = a^{-1}b$，即 $c \in B$，因而 $c \in (B \cap C) = (A \cap C)$，即 $c \in A$. 由之得 $b \in A$，即有 $B = A$.

因为 Dedekind 格的任意子格显然是 Dedekind 格，故由刚证过的定理得，群 G 关于含所有内自同构的某个算子域的容许子群做成的格是 Dedekind 格. 至于谈到一个群的所有子群之格，则它不永远是 Dedekind 格 —— 读者不难验证，4 次交代群的子群格可作为这种反例. 另外，存在一些群，它们的所有子群格是 Dedekind 格，但不是它们所有的子群都是正规子群；例如 3 次对称群就是这样的.

在以后还将用到 Dedekind 格的定义的下面这个形式.

(D″) 若在格 S 中给出元素
$$x_1, x_2, \cdots, x_n, y_1, y_2, \cdots, y_n \quad (n \geqslant 1)$$
而且
$$x_i \leqslant y_j \quad (i \neq j, i,j = 1, 2, \cdots, n)$$
则
$$(x_1 + x_2 + \cdots + x_n) y_1 y_2 \cdots y_n = x_1 y_1 + x_2 y_2 + \cdots + x_n y_n$$

事实上，条件(D)是条件(D″)的特殊情况，这只要在(D″)中令 $n = 2$ 和 $y_1 = x_1 + x_2$，便得
$$(x_1 + x_2) y_2 = x_1 + x_2 y_2 \quad (x_1 \leqslant y_2)$$
反之，若条件(D)被满足且若元素 $x_1, x_2, \cdots, x_n, y_1, y_2, \cdots, y_n$ 适合条件 $x_i \leqslant y_j$，当 $i \neq j$，则反复应用(D)便得

第 7 章　直积与格

$$(x_1 + x_2 + \cdots + x_n)y_1 y_2 \cdots y_n$$
$$= (x_1 y_1 + x_2 + \cdots + x_n)y_2 \cdots y_n$$
$$= (x_1 y_1 + x_2 y_2 + x_3 + \cdots + x_n)y_3 \cdots y_n$$
$$= x_1 y_1 + x_2 y_2 + \cdots + x_n y_n$$

正规列和主列. 设给一个带零元和单位元的格 S. 元素的有序有限集

$$0 = a_0 < a_1 < a_2 < \cdots < a_{k-1} < a_k = 1 \quad (7.11)$$

叫作格 S 的一个正规列;数 k 叫作此列的长度. 正规列

$$0 = b_0 < b_1 < \cdots < b_{l-1} < b_l = 1 \quad (7.12)$$

叫作列(7.11)的加密,若列(7.11)中任一元素 a_i 等于列(7.12)中某个 b_j.

在 Dedekind 格的情形有下面定理.

定理 7.3　Dedekind 格中任意两个正规列具有同样长度的加密.

事实上,设在 Dedekind 格 S 中给定任意正规列(7.11)和(7.12).令

$$a_{ij} = a_i + a_{i+1} b_j \quad (i = 0, 1, \cdots, k-1, j = 0, 1, \cdots, l)$$
$$b_{ji} = b_j + b_{j+1} a_i \quad (j = 0, 1, \cdots, l-1, i = 0, 1, \cdots, k)$$

因为

$$a_{i_0} = a_i, a_{il} = a_{i+1}$$

及

$$a_{ij} \leqslant a_{i,j+1} \quad (j = 0, 1, \cdots, l-1)$$

则元素 a_{ij} 组成正规列,可能有重复者,且是列(7.11)的加密.同样地,元素 b_{ji} 组成列(7.12)的加密.这两个新列有相同的长度 kl,因而接下来要说明的是它们具有相同的重复数.

事实上,设

$$a_{ij} = a_{i,j+1} \quad (7.13)$$

Sperner 引理

依次利用元素 $a_{i,j+1}$ 的定义,等式(7.13),不等式 $a_{ij} \leqslant a_{i+1}$,元素 a_{ij} 的定义,以及最后,条件(D)和不等式 $a_{i+1}b_j < b_{j+1}$,我们便有下面一系列等式

$$\begin{aligned}a_{i+1}b_{j+1} &= a_{i,j+1}(a_{i+1}b_{j+1}) \\ &= a_{ij}(a_{i+1}b_{j+1}) \\ &= a_{ij}b_{j+1} \\ &= (a_i + a_{i+1}b_j)b_{j+1} \\ &= a_i b_{j+1} + a_{i+1}b_j\end{aligned}$$

这个结果与元素 b_{ji} 和 $b_{j,i+1}$ 的定义以及明显的不等式 $a_{i+1}b_j \leqslant b_j$ 一起便引出下列等式

$$\begin{aligned}b_{ji} &= b_j + b_{j+1}a_i \\ &= b_j + b_{j+1}a_i + a_{i+1}b_j \\ &= b_j + a_{i+1}b_{j+1} \\ &= b_{j,i+1}\end{aligned}$$

我们这就证明了,在我们上面做出的正规列(7.11)和(7.12)的加密中重复的元素间存在一个一一对应,即是可以被同时舍掉. 这就把定理证完.

称格中的一个正规列为此格的主列,如果它没有不带重复的加密. 由我们刚证过的定理可得下列结果.

若 Dedekind 格有主列,则其所有主列有相同的长度.

若 Dedekind 格有主列,则其任意正规列可以加密成主列.

由之得,具有主列的 Dedekind 格的任意子格本身也有主列.

最后,Dedekind 格有主列当且仅当其中元素组成所有升链和降链都中断.

Dedekind 格的定义(条件(D'))说明,任意非

第7章 直积与格

Dedekind 格必含有一个子格,它由五个元素组成且有两个具不同长度的主列,即长度为 2 和 3 者. 因而,我们有可能再给 Dedekind 格一个新的刻画:一个格是 Dedekind 格当且仅当在其任意具有主列的格中,所有主列有相同的长度.

上面证明的关于格的正规列的定理其实还可以再加强一些,使得由之可完全推得群论中关于主列同构的定理. 有一系列的研究工作,是阐明把群的合成列的 Jordan-Hölder 定理搬到格论中的问题的.

完全 Dedekind 格. Dedekind 格的概念也可应用到完备格的情形. 但为了建立直分解的理论,不得不对完备格附加更强的条件,即是:完备格 S 叫作完全 Dedekind 格,如果对于任意满足条件

$$x_\alpha \leqslant y_\beta \quad (\alpha \neq \beta, \alpha, \beta \in M)$$

的元素 x_α 和 y_α (α 遍历某个足码集 M) 的集合有等式

$$\left(\sum_{\alpha \in M} x_\alpha\right) \cdot \prod_{\alpha \in M} y_\alpha = \sum_{\alpha \in M} x_\alpha y_\alpha \quad (\overline{\text{D}})$$

任意完全 Dedekind 格是 Dedekind 格,因为条件 (D″) 可由完全 Dedekind 格的定义得出. 但是反过来不成立 —— 存在完备格且是 Dedekind 格,甚至还是分配格,但不是完全 Dedekind 格.

下面的定理确定了此格类对群论的意义.

具任意算子系的群之(容许)正规子群格是完全 Dedekind 格.

事实上,设在群 G 中给出正规子群系 X_α 和 Y_α(足码 α 取遍集 M),并且

$$X_\alpha \subsetneqq Y_\beta \quad (\alpha \neq \beta, \alpha, \beta \in M) \quad (7.14)$$

若是元素 a 在所有 X_α 的积中,则它可写成

$$a = x_{\alpha_1} x_{\alpha_2} \cdots x_{\alpha_n} \quad (n \geqslant 1, x_{\alpha_i} \in X_{\alpha_i}) \quad (7.15)$$

且所有足码 $\alpha_1, \alpha_2, \cdots, \alpha_n$ 是不相同的. 若元素 a 还含在所有 Y_α 之交中,则它当然更在 Y_{α_i} 中. 依照式(7.14),积(7.15)中除去 x_{α_i} 的所有因子也都在 Y_{α_i} 中,因而也有 $x_{\alpha_i} \in Y_{\alpha_i}$,即 $x_{\alpha_i} \in (X_{\alpha_i} \cap Y_{\alpha_i})$. 这就证明了元素 a 含在所有交 $X_\alpha \cap Y_\alpha$ 之积中,即证明了要证的等式 $(\overline{\mathrm{D}})$ 的左侧在这种情形含在该等式的右侧. 由于当 $\alpha \neq \beta$ 时有条件 $x_\alpha \leqslant y_\beta$,反面的那个包含关系在任意完备格中都是成立的.

§4 完全 Dedekind 格中的直和

在群的直分解之诸定义里,有一个仅利用了群的正规子群的交和并. 这使得我们可把直积概念移植到任意完全 Dedekind 格中.

设完全 Dedekind 格 S 的一个元素 a 是元素 a_α 的和,其中 α 遍历足码集 M

$$a = \sum_{\alpha \in M} a_\alpha$$

引入记号

$$\overline{a_\alpha} = \sum_{\beta \in M, \beta \neq \alpha} a_\beta$$

元素 a 是元素 $a_\alpha, \alpha \in M$ 的直和,如果对任意 $\alpha \in M$ 有等式

$$a_\alpha \overline{a_\alpha} = 0$$

为了表示元素 a 的直和分解将使用下面符号

$$a = \dot{\sum_{\alpha \in M}} a_\alpha$$

或者在有限个被加项时,写作

第 7 章　直积与格

$$a = a_1 + a_2 + \cdots + a_n$$

元素 $\overline{a_\alpha}$ 被称为此直分解中直被加项 a_α 的补项.

显然, 群的直分解和此群的正规子群格中单位元的直分解是一致的.

以后将用到完全 Dedekind 格中直和的下列性质.

(1) 若

$$a = \dot{\sum_\alpha} a_\alpha \qquad (7.16)$$

且若所有或者一部分直被加项 a_α 本身可分解成直和

$$a_\alpha = \dot{\sum_\beta} a_{\alpha\beta} \qquad (7.17)$$

则

$$a = \dot{\sum_{\alpha,\beta}} a_{\alpha\beta}$$

事实上, 元素 a 是所有元素 $a_{\alpha\beta}$ 的和——参看完备格的第二个定义. 另, 固定足码 α 和 β 并依次利用不等式 $a_{\alpha\beta} \leqslant a_\alpha$, 格的 Dedekind 性以及分解 (7.16)(7.17) 是直分解, 可得

$$\begin{aligned}
& a_{\alpha\beta}\left(\sum_{\gamma \neq \alpha} a_\gamma + \sum_{\delta \neq \beta} a_{\alpha\delta}\right) \\
&= a_{\alpha\beta} a_\alpha \left(\sum_{\gamma \neq \alpha} a_\gamma + \sum_{\delta \neq \beta} a_{\alpha\delta}\right) \\
&= a_{\alpha\beta}\left(a_\alpha \sum_{\gamma \neq \alpha} a_\gamma + \sum_{\delta \neq \beta} a_{\alpha\delta}\right) \\
&= a_{\alpha\beta} \sum_{\delta \neq \beta} a_{\alpha\delta} \\
&= 0
\end{aligned}$$

(2) 若

$$a = \dot{\sum_{\alpha \in M}} a_\alpha$$

Sperner 引理

集 N 是集 M 的真子集,而
$$b = \sum_{\alpha \in N} a_\alpha, c = \sum_{\alpha \in M-N} a_\alpha$$
则 $bc = 0$.

事实上,利用不等式 $a_\alpha \leqslant \overline{a}_\beta, \alpha \neq \beta$,而后用一下完全 Dedekind 格的定义(即等式($\overline{\text{D}}$)),我们可得
$$bc = \sum_{\alpha \in N} a_\alpha \cdot \sum_{\alpha \in M-N} a_\alpha \leqslant \sum_{\alpha \in N} a_\alpha \cdot \prod_{\alpha \in N} \overline{a}_\alpha = \sum_{\alpha \in N} a_\alpha \overline{a}_\alpha = 0$$

(3) 若
$$a = \dot{\sum_{\alpha \in M}} a_\alpha$$
而集合 M 划分成互不相交的子集 M_β,且
$$\sum_{\alpha \in M_\beta} a_\alpha = b_\beta$$
则
$$a = \dot{\sum_\beta} b_\beta$$

事实上,元素 a 是元素 b_β 之和,这可以从完备格的定义得出. 另,由性质(2)可得
$$b_\beta \cdot \sum_{\gamma \neq \beta} b_\gamma = \sum_{\alpha \in M_\beta} a_\alpha \cdot \sum_{\alpha \in M - M_\beta} a_\alpha = 0$$

(4) 若
$$a = \dot{\sum_\alpha} a_\alpha$$
并对每一 α 选定元素 c_α,使得
$$0 \leqslant c_\alpha \leqslant a_\alpha$$
则所有元素 c_α 之和 c 是它们的直和. 只要有一个 c_α 异于相应的 a_α,此和便异于 a.

事实上
$$c_\alpha \cdot \sum_{\beta \neq \alpha} c_\beta \leqslant a_\alpha \cdot \sum_{\beta \neq \alpha} a_\beta = 0$$

若是 $c=a$,则利用格的 Dedekind 性,对任意 β 有

$$a_\beta = a_\beta a = a_\beta \sum_\alpha c_\alpha = c_\beta + a_\beta \sum_{\alpha \neq \beta} c_\alpha$$
$$\leqslant c_\beta + a_\beta \sum_{\alpha \neq \beta} a_\alpha = c_\beta$$

(5) 若

$$a = a_1 + a_2$$

且

$$a_1 \leqslant b \leqslant a$$

则

$$b = a_1 + ba_2$$

事实上,利用条件(D),可得

$$b = ba = b(a_1 + a_2) = a_1 + ba_2$$

另外

$$a_1 \cdot ba_2 \leqslant a_1 a_2 = 0$$

分支 设给定完全 Dedekind 格 S 的单位元的一个直分解

$$1 = \dot{\sum_{\alpha \in M}} a_\alpha \qquad (7.18)$$

若 b 是此格中任意一个元素,则称元素

$$b\varphi_\alpha = a_\alpha(b + \overline{a_\alpha}) \qquad (7.19)$$

为 b 在分解(7.18)的直被加项 a_α 中的分支,这里 $\overline{a_\alpha}$ 和前面一样是 a_α 在直分解(7.18)中的补项.

若给定群 G 的一个直分解

$$G = \prod_\alpha A_\alpha \qquad (7.20)$$

而 B 是 G 的一个正规子群,则 $B\varphi_2$ 等于正规子群 B 在分解(7.20)的直因子 A_α 中的分支.事实上,B 中元素 b 有记法

Sperner 引理

$$b = a_\alpha \bar{a}_\alpha, a_\alpha \in A_\alpha, \bar{a}_\alpha \in \bar{A}_\alpha$$

由之得

$$a_\alpha = b \bar{a}_\alpha^{-1}$$

即元素 b 的分支 a_α 既在 A_α 中，也在积 $B\bar{A}_\alpha$ 中. 反之，如果 x 是交 $A_\alpha \cap B\bar{A}_\alpha$ 中任意元素，则它有形如

$$x = b \bar{a}_\alpha$$

的记法，因而是元素 b 在直因子 A_α 的分支.

群 G 到自身内的映射，它把任意元素映到该元素在 A_α 中的分支，显然是群 G 的一个自同态，当 G 是带算子的群，它也是带算子的自同态. 对所有 α 得到的这些自同态叫作群 G 的所给直分解的自同态. 由于这个原因在我们这个一般情形也称格 S 的映射 $\varphi_\alpha, \alpha \in M$，为直分解 (7.18) 的自同态. 这是一些单调映射：若 $b \leqslant c$，则 $b\varphi_\alpha \leqslant c\varphi_\alpha$.

由直分解 (7.18) 可得直分解

$$1 = a_\alpha + \bar{a}_\alpha$$

元素 b 在此分解的直被加项 $\bar{a}_\alpha$ 中的分支是

$$b\bar{\varphi}_\alpha = \bar{a}_\alpha(b + a_\alpha)$$

映射 $\bar{\varphi}_\alpha$ 将称作对于直分解的自同态 φ_α 的补映射.

指出映射 φ_α 的一些性质. 由式 (7.19) 直接有：

(6) 对任意 $b \in S$, 有

$$b\varphi_\alpha \leqslant a_\alpha$$

若 $b \geqslant a_\alpha$，则

$$b\varphi_\alpha = a_\alpha$$

(7) 若 $b \leqslant a_\alpha$，则

$$b\varphi_\alpha = b$$

事实上，利用 (D) 有

第 7 章 直积与格

$$b\varphi_\alpha = a_\alpha(b + \bar{a}_\alpha) = b + a_\alpha \bar{a}_\alpha = b$$

(8) $b\varphi_\alpha = 0$ 当且仅当 $b \leqslant \bar{a}_\alpha$.

事实上,设 $b\varphi_\alpha = 0$. 因为 $b + \bar{a}_\alpha \geqslant \bar{a}_\alpha$,故依(5)有

$$b + \bar{a}_\alpha = (b + \bar{a}_\alpha)a_\alpha + \bar{a}_\alpha \qquad (7.21)$$

因而依条件(D)有

$$\begin{aligned}
0 = b\varphi_\alpha &= a_\alpha(b + \bar{a}_\alpha) \\
&= a_\alpha[(b + \bar{a}_\alpha)a_\alpha + \bar{a}_\alpha] \\
&= (b + \bar{a}_\alpha)a_\alpha + a_\alpha\bar{a}_\alpha \\
&= (b + \bar{a}_\alpha)a_\alpha
\end{aligned}$$

等式(7.21)这时就变成

$$b + \bar{a}_\alpha = \bar{a}_\alpha$$

即有 $b \leqslant \bar{a}_\alpha$. 反向的结论可由式(7.19)得到.

由(6)和(8)得

(9) 对 S 中任意元素 b 以及任意足码 α

$$b\bar{\varphi}_\alpha\varphi_\alpha = b\varphi_\alpha\bar{\varphi}_\alpha = 0$$

其中 $\bar{\varphi}_\alpha$ 是分解(7.18)之自同态 φ_α 的补映射.①

(10) 任意元素 b 含在它在直分解(7.18)的所有被加项 a_α 的分支之和中.

事实上,因为 $a_\alpha \leqslant b + \bar{a}_\beta, \alpha \neq \beta$,则利用条件(D)和等式(7.18)有

$$\begin{aligned}
\sum_\alpha b\varphi_\alpha &= \sum_\alpha a_\alpha(b + \bar{a}_\alpha) \\
&= \sum_\alpha a_\alpha \cdot \prod_\alpha (b + \bar{a}_\alpha) \\
&= \prod_\alpha (b + \bar{a}_\alpha) \geqslant b
\end{aligned}$$

---

① 这里以及后面,映射之积指依次施行这些映射.

Sperner 引理

(11) 和的分支等于分支的和,即若
$$b = \sum_{\beta} b_{\beta}$$
则
$$b\varphi_{\alpha} = \sum_{\beta} b_{\beta}\varphi_{\alpha}$$

事实上,由 $b_{\beta} \leqslant b$ 得 $b_{\beta}\varphi_{\alpha} \leqslant b\varphi_{\alpha}$,因而也有
$$\sum_{\beta} b_{\beta}\varphi_{\alpha} \leqslant b\varphi_{\alpha}$$

另外,由(10)和(6)知
$$b = \sum_{\beta} b_{\beta} \leqslant \sum_{\beta} b_{\beta}\varphi_{\alpha} + \overline{a}_{\alpha}$$

因而利用(7.19),条件(D)及(6),我们有
$$b\varphi_{\alpha} \leqslant (\sum_{\beta} b_{\beta}\varphi_{\alpha} + \overline{a}_{\alpha})\varphi_{\alpha} = a_{\alpha}(\sum_{\beta} b_{\beta}\varphi_{\alpha} + \overline{a}_{\alpha})$$
$$= \sum_{\beta} b_{\beta}\alpha_{\alpha} + a_{\alpha}\overline{a}_{\alpha} = \sum_{\beta} b_{\beta}\varphi_{\alpha}$$

(12) 设 N 是分解(7.8)之足码集合 M 的子集,而
$$a = \sum_{\alpha \in N} a_{\alpha}, \overline{a} = \sum_{\alpha \in M-N} a_{\alpha}$$

即依(3)有直分解
$$1 = a + \overline{a} \tag{7.22}$$

若 b 是格 S 的任意元素,而 $b\psi$ 是它在直分解(7.22)之被加项 a 中的分支,则
$$b\psi \leqslant \sum_{\alpha \in N} b\varphi_{\alpha}$$

事实上,因为对所有 $\alpha \in N$ 有
$$b + \overline{a} \leqslant b + \overline{a}_{\alpha}$$
即
$$b + \overline{a} \leqslant \prod_{\alpha \in N}(b + \overline{a}_{\alpha})$$

故由条件$(\overline{D})$有

第 7 章 直积与格

$$b\psi = a(b+\bar{a}) \leqslant \sum_{\alpha \in N} a_\alpha \cdot \prod_{\alpha \in N}(b+\bar{a}_\alpha)$$
$$= \sum_{\alpha \in N} a_\alpha(b+\bar{a}_\alpha) = \sum_{\alpha \in N} b\varphi_\alpha$$

(13) 若 $b\varphi_\alpha = c$,则对任意元素 $c', c' \leqslant c$,必有元素 $b', b' \leqslant b$,使得 $b'\varphi_\alpha = c'$.

事实上,可令
$$b' = b(c' + \bar{a}_\alpha)$$

条件 $b' \leqslant b$ 是被满足的. 另,利用条件(D),(7.19)以及等式 $c\bar{a}_\alpha = 0$,后者是由不等式 $c = b\varphi_\alpha \leqslant a_\alpha$ 得出的,我们便有

$$b'\varphi_\alpha = a_\alpha(b+\bar{a}_\alpha) = a_\alpha[b(c'+\bar{a}_\alpha)+\bar{a}_\alpha]$$
$$= a_\alpha[(b+\bar{a}_\alpha)(c'+\bar{a}_\alpha)]$$
$$= c(c'+\bar{a}_\alpha)$$
$$= c' + c\bar{a}_\alpha = c'$$

下面在本章中引用直分解及其自同态的性质 (1)~(13) 时将不注明本节的号码.

共同接续的存在 设在完全 Dedekind 格 S 中给定单位元的两个直分解

$$1 = \dot{\sum_\alpha} a_\alpha = \dot{\sum_\beta} b_\beta \qquad (7.23)$$

把这些分解的自同态顺序表作 φ_α 和 θ_β,用 $\bar{\varphi}_\alpha$ 表示 φ_α 的补映射.

定理 7.4(Курош) 直分解(7.23)具有共同接续,当且仅当对任意 α 和 β 映射 $\bar{\varphi}_\alpha \theta_\beta \varphi_\alpha$ 把单位元(因而也把格中所有元素)映成 0,即是

$$1\bar{\varphi}_\alpha \theta_\beta \varphi_\alpha = 0 \qquad (7.24)$$

证明 设分解(7.23)有共同接续

Sperner 引理

$$1 = \sum_{\gamma} c_{\gamma}$$

任意 c_{γ} 都含在某个积 $a_{\alpha}b_{\beta}$ 中,因而所有这些积(对所有 α 和 β)之和等于单位元. 同时此和还是直和. 这是因为,我们有

$$\sum_{\alpha,\beta} a_{\alpha}b_{\beta} = \sum_{\alpha}\left(\sum_{\beta} a_{\alpha}b_{\beta}\right)$$

但是依性质(4)右侧中的每一个和都是直和,这之后再用一下性质(1)便得. 这样

$$1 = \dot{\sum_{\alpha,\beta}} a_{\alpha}b_{\beta} \tag{7.25}$$

由之有

$$a_{\alpha} = \dot{\sum_{\beta}} a_{\alpha}b_{\beta}, \quad b_{\beta} = \dot{\sum_{\alpha}} a_{\alpha}b_{\beta} \tag{7.26}$$

现在来计算元素 $1\overline{\varphi_{\alpha}}\theta_{\beta}\varphi_{\alpha}$. 依性质(4)和式(7.26)

$$1\overline{\varphi_{\alpha}} = \overline{a_{\alpha}} = \sum_{\gamma \neq \alpha}\sum_{\beta} a_{\gamma}b_{\beta}$$

由之利用性质(11)(7)和(8),我们有

$$1\overline{\varphi_{\alpha}}\theta_{\beta} = \overline{a_{\alpha}}\theta_{\beta} = \sum_{\gamma \neq \alpha} a_{\gamma}b_{\beta} \leqslant \overline{a_{\alpha}}$$

因而再用(8)便得式(7.24).

反过来,今设等式(7.24)对所有 α 和 β 都成立. 由条件(7.23),(6)和(11)有

$$a_{\alpha} = \sum_{\beta} b_{\beta}\varphi_{\alpha}$$

我们利用式(7.24)来证明,这个和是直和. 实际上,由条件(11)和(D)有

$$b_{\beta}\varphi_{\alpha} \cdot \sum_{\gamma \neq \beta} b_{\gamma}\varphi_{\alpha}$$
$$= b_{\beta}\varphi_{\alpha} \cdot b_{\beta}\varphi_{\alpha}$$
$$= a_{\alpha}(b_{\beta} + \overline{a_{\alpha}}) \cdot a_{\alpha}(\overline{b_{\beta}} + \overline{a_{\alpha}})$$

$$= a_\alpha(b_\beta + \bar{a}_\alpha)(\bar{b}_\beta + \bar{a}_\alpha)$$
$$= a_\alpha[b_\beta(\bar{b}_\beta + \bar{a}_\alpha) + \bar{a}_\alpha]$$
$$= \bar{a}_\alpha \theta_\beta \varphi_\alpha = \bar{1} \varphi_\alpha \theta_\beta \varphi_\alpha$$
$$= 0$$

这样

$$a_\alpha = \dot{\sum_\beta} b_\beta \varphi_\alpha$$

再依(1)便得直分解

$$1 = \dot{\sum_{\alpha,\beta}} b_\beta \varphi_\alpha \qquad (7.27)$$

是式(7.23)中第一个分解的接续.

把式(7.27)改写成形式

$$1 = \dot{\sum_\beta} \left(\sum_\alpha b_\beta \varphi_\alpha \right)$$

并注意到由条件(10)有

$$b_\beta \leqslant \dot{\sum_\alpha} b_\beta \varphi_\alpha$$

则根据条件(7.23)和(4),对所有 β 我们有

$$b_\beta = \dot{\sum_\alpha} b_\beta \varphi_\alpha$$

这样,直分解(7.27)也是(7.23)中第二个分解的继续. 定理证完.

现在我们来把这个定理用到群上. 设 G 是带任意算子系的群且给定它的两个直分解

$$G = \prod_\alpha A_\alpha = \prod_\beta B_\beta \qquad (7.28)$$

用 $\varphi_\alpha, \theta_\beta$ 和 $\bar{\varphi}_\alpha$ 表示把群 G 中每一元素顺序映到它在 A_α 中的,在 B_β 中的以及在 $\bar{A}_\alpha = \prod_{\gamma \neq \alpha} A_\gamma$ 中的分支上的

映射. 前面我们已经知道,它们是群 G 的带算子的自同态对应.

这样,映射 $\overline{\varphi_\alpha}\theta_\beta\varphi_\alpha$ 也是带算子的自同态对应. 今证,它把群 G 的任意元素映入此群的中心中,因而把整个群 G 映到中心的容许子群上. 我们已经知道,群中可换元素的分支本身也是相互可换的,因而,若给定两个可换元素,则其中之一的分支与另一个元素可换. 设 g 是群 G 的任意一个元素. 此时,元素 $g\varphi_\alpha$ 在 $\overline{A}_\alpha$ 中因而和 A_α 中每一元素可换. 由之得它在条件(7.28)的第二个分解的直因子 B_β 中的分支,也就是元素 $\overline{g\varphi_\alpha\theta_\beta}$,也和 A_α 中每一元素可换. 最后,这件事对元素 $\overline{g\varphi_\alpha\theta_\beta\varphi_\alpha}$ 也是成立的,又因为这元素本身在 A_α 中,故它应在直因子 A_α 的中心内,亦即在群 G 的中心内.

我们将称带算子的群 G 的中心内所有容许子群之并为它的容许中心. 我们知道,群的中心不永远是容许的,因而容许中心是可以小于群的中心的. 由上面证得的定理可得下面结果(Fitting,Курош).

设 G 是一个带任意算子系的群,如果映入单位元的映射是群 G(或者,完全一样地,G 关于其换位子群的商群)到其容许中心之唯一的带算子的同态对应,则此群 G 的任意两个直分解具有共同的接续.

特别,若一个群没有中心(或者,在带算子的情形,只要没有容许中心),或者若一个群和其换位子群相重合,则这样群的任意两个直分解有共同接续.

第7章 直积与格

§5 辅助引理

设在完全 Dedekind 格 S 中给出单位元的两个直分解,每一个有两个加项
$$1 = a_1 + a_2 = b_1 + b_2 \tag{7.29}$$
把这些分解的自同态顺序记作 φ_1, φ_2 和 θ_1, θ_2 而来证明一系列引理,它们将在下一节证明基本定理时用到.

引理 7.2 对任意元素 $x \in S$ 有
$$x\theta_1\varphi_1\theta_2 = x\theta_1\varphi_2\theta_2$$
在此等式中对调 θ_1 和 θ_2,或者 θ 和 φ 而得到的一些等式都是成立的.

实际上,由于 $x\theta_1 \leqslant b_1$ 和条件(D) 有
$$\begin{aligned}
x\theta_1\varphi_1\theta_2 &= b_2[a_1(x\theta_1 + a_2) + b_1] \\
&= b_2[x\theta_1 + a_1(x\theta_1 + a_2) + b_1] \\
&= b_2[(x\theta_1 + a_1)(x\theta_1 + a_2) + b_1]
\end{aligned}$$
还知在所得的这个表示式中元素 a_1, a_2 的地位是对称的.

引理 7.3 若 $x \leqslant a_1$,则
$$x\theta_1\varphi_1\theta_2\varphi_1 = x\theta_2\varphi_1\theta_1\varphi_1$$
亦即对于含在 a_1 中的元素映射 $\theta_1\varphi_1$ 和 $\theta_2\varphi_1$ 是可换的.

实际上,重复使用引理 7.1 以及可由性质 Ⅶ 推得之等式 $x\varphi_1$ 便有
$$\begin{aligned}
x\theta_1\varphi_1\theta_2\varphi_1 &= x\varphi_1\theta_1\varphi_1\theta_2\varphi_1 \\
&= x\varphi_1\theta_1\varphi_2\theta_2\varphi_1 \\
&= x\varphi_1\theta_2\varphi_2\theta_1\varphi_1 \\
&= x\varphi_1\theta_2\varphi_1\theta_1\varphi_1
\end{aligned}$$

Sperner 引理

$$= x\theta_2\varphi_1\theta_1\varphi_1$$

元素 $n_{1j}^{(k)}(j=1,2)$ 和 $n_1^{(k)}(k=1,2,\cdots)$ 考察式 (7.29) 中第一个分解的直被加项 a_1. 令 $n_{11}^{(k)}(k=1,2,\cdots)$,是含于 a_1 内的所有具有性质 $x(\theta_2\varphi_1)^k=0$ 的元素 x 的和,此处 $(\theta_2\varphi_1)^k$ 表示映射 $\theta_2\varphi_1$ 的 k 次幂. 类似地,用 $n_{12}^{(k)}(k=1,2,\cdots)$,表示所有这样的元素 x 的和,其中 $x\leqslant a_1$ 且 $x(\theta_1\varphi_1)^k=0$. 由条件 (11) 有

$$n_{11}^{(k)}(\theta_2\varphi_1)^k=0, n_{12}^{(k)}(\theta_1\varphi_1)^k=0 \quad (7.30)$$

显然有

$$n'_{1j}\leqslant n''_{1j}\leqslant \cdots \leqslant n_{1j}^{(k)} \leqslant \cdots \quad (j=1,2)$$
$$(7.31)$$

其次,设 $n_1^{(k)}$ 是所有这样的元素 x 的和,其中 $x\leqslant a_1$ 且 $x(\theta_1\varphi_1\theta_2\varphi_1)^k=0$. 仍有

$$n_1^{(k)}(\theta_1\varphi_1\theta_2\varphi_1)^k=0 \quad (7.32)$$
$$n'_1\leqslant n''_1\leqslant \cdots \leqslant n_1^{(k)} \leqslant \cdots \quad (7.33)$$

引理 7.4 $n_{1j}^{(k)}\leqslant n_1^{(k)}, j=1,2, k=1,2,\cdots$.

例如 $j=1$ 的情形. 应用引理 7.2 和式 (7.30) 中第一个等式,得

$$n_{11}^{(k)}(\theta_1\varphi_1\theta_2\varphi_1)^k=n_{11}^{(k)}(\theta_2\varphi_1)^k(\theta_1\varphi_1)^k=0(\theta_1\varphi_1)^k=0$$

即 $n_{11}^{(k)}\leqslant n_1^{(k)}$.

引理 7.5 若 $x\leqslant a_1$,则当 $k=1,2,\cdots$ 时有不等式

$$x\leqslant x(\theta_1\varphi_1)^k+x(\theta_1\varphi_1)^{k-1}(\theta_2\varphi_1)+$$
$$x(\theta_1\varphi_1)^{k-2}(\theta_2\varphi_1)^2+\cdots+x(\theta_2\varphi_1)^k$$
$$(7.34)$$

实际上,由条件 (10) 有

$$x\leqslant x\theta_1+x\theta_2$$

因而依条件 (11) 有

$$x=x\varphi_1\leqslant(x\theta_1+x\theta_2)\varphi_1=x\theta_1\varphi_1+x\theta_2\varphi_1$$

即当 $k=1$ 时证明了不等式(7.34).若它对给定的 k 已证明了,则对 $k+1$ 情形的证明可这样来进行:把关系式(7.34) 右侧中的每一加项换成它在映射 $\theta_1\varphi_1$ 和 $\theta_2\varphi_1$ 下的象的和,如已证过的,这样做只能加强该不等式,然后用一下引理7.2再把同类项合并在一块.

引理 7.6 $n_1^{(k)} \leqslant n_{11}^{(k)}+n_{12}^{(k)}, k=1,2,\cdots$.

依引理 7.5
$$n'_1 \leqslant n'_1\theta_1\varphi_1+n'_1\theta_2\varphi_1$$
但是由式(7.32) 和引理 7.3 得
$$(n'_1\theta_1\varphi_1)\theta_2\varphi_1=0, (n'_1\theta_2\varphi_1)\theta_1\varphi_1=0$$
即
$$n'_1\theta_1\varphi_1 \leqslant n'_{11}, n'_1\theta_2\varphi_1 \leqslant n'_{12}$$
这样,引理对 $k=1$ 已证.设它对 $k-1$ 已证.应用引理 7.4 而用元素 $n_1^{(k)}$ 代替原来的 x.由式(7.32) 得
$$[n_1^{(k)}(\theta_1\varphi_1)^k](\theta_2\varphi_1)^k=0$$
即 $n_1^{(k)}(\theta_1\varphi_1)^k \leqslant n_{11}^{(k)}$ 以及同样地 $n_1^{(k)}(\theta_2\varphi_1)^k \leqslant n_{12}^{(k)}$.至于不等式(7.34) 右侧中其余各被加项,则所有它们在映射 $(\theta_1\varphi_1\theta_2\varphi_1)^{k-1}$ 下已变成零元了,即是都包含在 $n_1^{(k-1)}$ 中,因而依归纳假设,都包含在 $n_{11}^{(k-1)}+n_{12}^{(k-1)}$ 中,再由式(7.31) 就都在 $n_{11}^{(k)}+n_{12}^{(k)}$ 中了.

引理 7.7 $n_{11}^{(k)} \cdot n_{12}^{(l)}=0, k,l=1,2,\cdots$.

设
$$x \leqslant n_{11}^{(k)} \cdot n_{12}^{(l)}$$
即
$$x(\theta_2\varphi_1)^k=x(\theta_1\varphi_1)^l=0$$
若 $k=l=1$,则由 $x \leqslant x\theta_1\varphi_1+x\theta_2\varphi_1$ 和 $x\theta_1\varphi_1=x\theta_2\varphi_1=0$,得 $x=0$.下面对和数 $k+l$ 作归纳法来证明.若例如 $k>1$,则由

Sperner 引理

$$x(\theta_2\varphi_1)(\theta_2\varphi_1)^{k-1}=0$$

和

$$x(\theta_2\varphi_1)(\theta_1\varphi_1)^l=x(\theta_1\varphi_1)^l(\theta_2\varphi_1)=0$$

得 $x(\theta_2\varphi_1)=0$,而由此及 $x(\theta_1\varphi_1)^l=0$ 并注意到 $1+l<k+l$ 得 $x=0$.

由引理 7.4,7.6 和 7.7 得:

引理 7.8 $n_1^{(k)}=n_{11}^{(k)}+n_{12}^{(k)},k=1,2\cdots$.

对于直加项 a_1 我们引进了元素 $n_{11}^{(k)},n_{12}^{(k)}$ 和 $n_1^{(k)}$,同样地,对于直加项 a_2 相应引进的元素记作 $n_{21}^{(k)},n_{22}^{(k)}$,$n_2^{(k)}$,而对于式(7.29)中第二个分解的直加项 b_j($j=1$,2)——记作 $m_{j1}^{(k)},m_{j2}^{(k)},m_j^{(k)}$. 对所有这些元素与上面证过的引理相类似的引理都是成立的.

引理 7.9 $n_1^{(k)}+n_2^{(k)}=m_1^{(k)}+m_2^{(k)},k=1,2,\cdots$.

实际上,反复应用引理 7.2 以及利用等式 $m_1^{(k)}(\varphi_1\theta_1\varphi_2\theta_1)^k=0$,得

$$(m_1^{(k)}\varphi_1)(\theta_1\varphi_1\theta_2\varphi_1)^k$$
$$=(m_1^{(k)}\varphi_1)(\theta_1\varphi_2\theta_2\varphi_1)^k$$
$$=(m_1^{(k)}\varphi_1)(\theta_1\varphi_2\theta_1\varphi_1)^k$$
$$=m_1^{(k)}(\varphi_1\theta_1\varphi_2\theta_1)^k\varphi_1$$
$$=0$$

这就证明了 $m_1^{(k)}\varphi_1\leqslant n_1^{(k)}$,因为 $m_1^{(k)}\varphi_1\leqslant a_1$. 类似地有 $m_1^{(k)}\varphi_2\leqslant n_2^{(k)}$. 由此以及由 $m_1^{(k)}\leqslant m_1^{(k)}\varphi_1+m_1^{(k)}\varphi_2$ 得不等式

$$m_1^{(k)}\leqslant n_1^{(k)}+n_2^{(k)}$$

用 $m_2^{(k)}$ 代替 $m_1^{(k)}$ 这样的不等式也成立.另,由于对称性也有

$$n_i^{(k)}\leqslant m_1^{(k)}+m_2^{(k)}\quad(i=1,2)$$

引理 7.10 $n_{11}^{(k)}\theta_1\leqslant m_{11}^{(k)},k=1,2,\cdots$.

第 7 章　直积与格

实际上,利用条件(7),引理 7.2 和等式(7.30) 有
$$\begin{aligned}n_{11}^{(k)}\theta_1(\varphi_2\theta_1)^k &= n_{11}^{(k)}\varphi_1\theta_1(\varphi_2\theta_1)^k\\ &= n_{11}^{(k)}\varphi_1\theta_2(\varphi_2\theta_1)^k\\ &= \cdots = n_{11}^{(k)}\varphi_1(\theta_2\varphi_1)^k\theta_1\\ &= n_{11}^{(k)}(\theta_2\varphi_1)^k\theta_1\\ &= 0\end{aligned}$$

又因为 $n_{11}^{(k)}\theta_1 \leqslant b_1$,故 $n_{11}^{(k)}\theta_1 \leqslant m_{11}^{(k)}$.

引理 7.11　$n_{11}^{(k)}(m_{12}^{(k)}+m_2^{(k)})=0, k=1,2,\cdots$.

把要证的等式左侧记作 x. 这时依引理 7.10 有
$$x\theta_1 \leqslant n_{11}^{(k)}\theta_1 \leqslant m_{11}^{(k)}$$

另,依条件(11) 和(7) 有
$$x\theta_1 \leqslant (m_{12}^{(k)}+m_2^{(k)})\theta_1 = m_{12}^{(k)}\theta_1 = m_{12}^{(k)}$$

因为 $m_2^{(k)}\theta_1 \leqslant b_2\theta_1 = 0$. 因此,注意到引理 7.7 便有
$$x\theta_1 \leqslant m_{11}^{(k)} \cdot m_{12}^{(k)} = 0$$

由之 $x\theta_1\varphi_1=0$,又因为 $x \leqslant n_{11}^{(k)} \leqslant a_1$,故 $x \leqslant n'_{12}$. 这样由引理 7.7 有
$$x \leqslant n_{11}^{(k)} \cdot n'_{12} = 0$$

引理 7.12　$m_{11}^{(k)} \leqslant n_{11}^{(k)} + m_{22}^{(k)}, k=1,2,\cdots$.

首先设 $k=1$. 因为 $m'_{11}\varphi_2\theta_1=0$,故依 Ⅷ,$m'_{11}\varphi_2 \leqslant b_2$,因而由
$$(m'_{11}\varphi_2)(\varphi_1\theta_2) = m'_{11}(\varphi_2\varphi_1)\theta_2 = 0$$

(参看条件(11)) 有不等式
$$m'_{11}\varphi_2 \leqslant m'_{22}$$

另外,依引理 7.10,但把式(7.29) 中第一个分解和第二个分解的位置对调,有
$$m'_{11}\varphi_1 \leqslant n'_{11}$$

因此
$$m'_{11} \leqslant m'_{11}\varphi_1 + m'_{11}\varphi_2 \leqslant n'_{11} + m'_{22}$$

Sperner 引理

设已对 $k-1$ 证明了我们的结论. 我们知道
$$m_{11}^{(k)} \leqslant m_{11}^{(k)} \varphi_1 + m_{11}^{(k)} \varphi_2$$
并且依引理 7.10 还有
$$m_{11}^{(k)} \varphi_1 \leqslant n_{11}^{(k)}$$
另
$$m_{11}^{(k)} \varphi_2 \leqslant m_{11}^{(k)} \varphi_2 \theta_1 + m_{11}^{(k)} \varphi_2 \theta_2$$
因为 $m_{11}^{(k)} \varphi_2 \theta_1 \leqslant b_1$,以及
$$(m_{11}^{(k)} \varphi_2 \theta_1)(\varphi_2 \theta_1)^{k-1} = m_{11}^{(k)} (\varphi_2 \theta_1)^k = 0$$
故
$$m_{11}^{(k)} \varphi_2 \theta_1 \leqslant m_{11}^{(k-1)}$$
因而由归纳假设有
$$m_{11}^{(k)} \varphi_2 \theta_1 \leqslant n_{11}^{(k-1)} + m_{22}^{(k-1)} \leqslant n_{11}^{(k)} + m_{22}^{(k)}$$
最后
$$m_{11}^{(k)} \varphi_2 \theta_2 \leqslant b_2$$
且依引理 7.2 有
$$(m_{11}^{(k)} \varphi_2 \theta_2)(\varphi_1 \theta_2)^k$$
$$= m_{11}^{(k)} (\varphi_2 \theta_1)(\varphi_1 \theta_2)^k$$
$$= \cdots = m_{11}^{(k)} (\varphi_2 \theta_1)^k (\varphi_1 \theta_2) = 0$$
即有 $m_{11}^{(k)} \varphi_2 \theta_2 \leqslant m_{22}^{(k)}$. 引理证完.

我们约定,格 S 的元素 c 具有主列,如果位于 0 和 c 之间的,亦即满足不等式
$$0 \leqslant x \leqslant c$$
的所有元素 x 组成的子格 S_c 具有主列. 如我们所知,这等价于:在子格 S_c 中元素的所有升链和降链都是中断的.

现在我们作如下的假设,它一直到本节之末都保持有效.

(A) 映射 $\varphi_i \theta_1 \varphi_2 \theta_2 \varphi_i (i=1,2)$ 和 $\theta_j \varphi_1 \theta_j \varphi_2 \theta_j (j=1,$

2),都把单位元映到具有主列的元素上.

引入记号
$$\varphi_1\theta_1\varphi_1\theta_2\varphi_1 = \eta$$

引理 7.13　元素 $1, 1\eta, 1\eta^2, \cdots, 1\eta^k, \cdots$ 组成递降序列
$$1 \geqslant 1\eta \geqslant 1\eta^2 \geqslant \cdots \geqslant 1\eta^k \geqslant \cdots \quad (7.35)$$
存在 k_0,使得
$$1\eta^{k_0} = 1\eta^{k_0+1} = \cdots \quad (7.36)$$
若引入记号
$$\overline{a}_1 = 1\eta^{k_0}$$
则由 $x \leqslant \overline{a}_1, x\eta = 0$ 可得 $x = 0$.

实际上,序列(7.35)可由映射 η 的单调性可得,而具有性质(7.36)的指数 k_0 的存在由假设(A)可得,今证引理的第三个结论. 设 $0 < x \leqslant \overline{a}_1$ 且 $x\eta = 0$. 因为依性质(7.36)
$$\overline{a}_1 \eta = \overline{a}_1$$
故由 $0 < x$ 有 $\overline{a}_1 \neq 0$. 几次地应用性质(13)可知存在元素 $y, y \leqslant \overline{a}_1$,使得
$$y\eta = x$$
因为依(11)有
$$(x+y)\eta = x\eta + y\eta = y\eta = x$$
故可认定 $y > x$,并且这个不等式是严格的. 这样继续下去我们在元素 $\overline{a}_1$ 中,因而在元素 1η 中做出了无限递增元素序列,而这和假设(A)是矛盾的.

引理 7.14　$n_1^{(k_0)} = n_1^{(k_0+1)} = \cdots$.

事实上,对任意自然数 l
$$n_1^{(k_0+l)} \eta^{k_0} / \eta^{k_0} = \overline{a}_1$$

Sperner 引理

但是
$$n_1^{(k_0+l)} \eta^{k_0+l} = (n_1^{(k_0+l)} \eta^{k_0}) \eta^l = 0$$
因此依前一个引理有
$$n_1^{(k_0+l)} \eta^{k_0} = 0$$
即 $n_1^{(k_0+l)} \leqslant n_1^{(k_0)}$. 由此以及式(7.33)得引理的结论.

引理 7.15 $n_{1j}^{(k_0)} = n_{1j}^{(k_0+1)} = \cdots, j=1,2.$

这由条件(7.31),引理 7.8 和 7.14 的和顺序表为 n_1 和 $n_{1j}(j=1,2)$. 关于元素 a_2 的相应元素将记作 n_2 和 $n_{2j}(j=1,2)$. 而关于元素 $b_i(i=1,2)$ 的相应元素记作 m_i 和 $m_{ij}(j=1,2)$. 引理 7.14 和 7.15 使得我们可从引理7.8 和 7.9 引出下面结果

$$n_i = n_{i1} + n_{i2}, m_i = m_{i1} + m_{i2} \quad (i=1,2) \tag{7.37}$$

$$n_1 + n_2 = m_1 + m_2 \tag{7.38}$$

用 v 表示等于此最后一个等式之左侧和右侧的元素. 因为
$$n_1 n_2 \leqslant a_1 a_2 = 0$$
以及类似地
$$m_1 m_2 = 0$$
故对 v 我们有两个直分解
$$v = n_1 + n_2 = m_1 + m_2 \tag{7.39}$$
应用式(7.37),我们得到这些直分解的两个接续
$$v = n_{11} + n_{12} + n_{21} + n_{22} = m_{11} + m_{12} + m_{21} + m_{22} \tag{7.40}$$

下面我们来研究这些新的直分解.

引理 7.16 在直分解(7.40)中元素 n_{11} 和 m_{11},还有 n_{12} 和 m_{21}, n_{21} 和 m_{12}, n_{22} 和 m_{22} 可以互相代替.

事实上,由于引理 7.14 和 7.15 从引理 7.11 和

7.12 可得式
$$n_{11}(m_{12}+m_2)=0$$
$$m_{11} \leqslant n_{11}+m_{22}$$
即由条件(7.40)和(7.37)有
$$v=n_{11}+m_{12}+m_{21}+m_{22}$$
因而,在分解式(7.40)的右端,n_{11} 代替了 m_{11}. 按照对称的理由,有下面的直分解
$$v=m_{11}+n_{12}+n_{21}+n_{22}$$
其次,容易验证,元素 n_{12} 和 m_{21} 也具有和 n_{11} 和 m_{11} 间同样的相互关系. 这样也就证明了引理的所有结论.

引理 7.17 $n_1\overline{a_1}=0$.

因为依引理 7.14,$n_1=n_1^{(k_0)}$,故
$$(n_1\overline{a_1})\eta^{k_0}=0$$
由此以及引理 7.13 的最后一个结论便得本引理.

引理 7.18 $\overline{a_1}(m_1+b_2)=0$,还有 $\overline{a_1}(m_2+b_1)=0$.

实际上,我们引入记号
$$\overline{a_1}(m_1+b_2)=x$$
依引理 7.14 有 k_0,使得 $m_1=m_1^{(k_0)}$. 此时
$$x(\theta_1\varphi_1\theta_2\varphi_1)^{k_0+1} \leqslant (m_1^{(k_0)}+b_2)(\theta_1\varphi_1\theta_2\varphi_1)^{k_0+1}$$
$$=m_1^{(k_0)}(\theta_1\varphi_1\theta_2\varphi_1)^{k_0+1}+b_2(\theta_1\varphi_1\theta_2\varphi_1)^{k_0+1}$$
右侧第二项等于 0,因为 $b_2\theta_1=0$. 另外,利用引理 7.2,等式
$$m_1^{(k_0)}\theta_1=m_1^{(k_0)}$$
以及元素 $m_1^{(k_0)}$ 的定义有
$$m_1^{(k_0)}(\theta_1\varphi_1\theta_2\varphi_1)^{k_0+1}=m_1^{(k_0)}(\theta_1\varphi_2\theta_1\varphi_1)^{k_0+1}$$
$$=m_1^{(k_0)}(\varphi_2\theta_1\varphi_1\theta_1)^{k_0}\varphi_2\theta_1\varphi_1=0$$
因此 $x(\theta_1\varphi_1\theta_2\varphi_1)^{k_0+1}=0$,又因为 $x \leqslant a_1$,故 $x \leqslant n_1$.

Sperner 引理

另,我们知道 $x \leqslant \bar{a}_1$. 因此,由前一个引理有
$$x \leqslant n_1 \bar{a}_1 = 0$$
因为
$$a_1(\theta_1 \varphi_1 \theta_2 \varphi_1)^{k_0+1} = a_1(\theta_2 \varphi_1 \theta_1 \varphi_1)^{k_0+1}$$
故引理的第二个结论可用同样的方法证明.

最后,我们再作两个假设:

(B) 设
$$a_i = n_i + \bar{a}_i \quad (i=1,2)$$
$$b_j = m_j + \bar{b}_j \quad (j=1,2)$$

(C) 设
$$\bar{b}_1 \leqslant \bar{a}_i + b_2, \bar{b}_2 \leqslant \bar{a}_i + b_1 \quad (i=1,2)$$
$$\bar{a}_1 \leqslant \bar{b}_j + a_2, \bar{a}_2 \leqslant \bar{b}_j + a_1 \quad (j=1,2)$$

假设(B)和引理 7.17,以及对直分解(7.29)的其他各加项的相应引理引出下列的直分解
$$a_i = n_i + \bar{a}_i \quad (i=1,2)$$
$$b_j = m_j + \bar{b}_j \quad (j=1,2)$$
由之以及由等式(7.37)我们得到对原给直分解(7.29)的下面这些接续
$$1 = n_{11} + n_{12} + \bar{a}_1 + n_{21} + n_{22} + \bar{a}_2$$
$$= m_{11} + m_{12} + \bar{b}_1 + m_{21} + m_{22} + \bar{b}_2 \quad (7.41)$$

引理 7.19 直分解(7.41)的两组直加项之间可以建立一个相互单值对应,使得相对应的加项可以相互代替.

对于在元素 v 的直分解(7.40)中出现的加项,这个引理已在引理 7.16 中证过了,并且在我们这个一般情形下仍是有效的,因为分解(7.41)是下面直分解的接续

第 7 章 直积与格

$$1 = v + \overline{a}_1 + \overline{a}_2 = v + \overline{b}_1 + \overline{b}_2$$

另外,假设(C)和引理 7.18 说明,式(7.41)中第二个分解的直加项 $\overline{b}_1, \overline{b}_2$ 的任意一个可以由第一个分解的加项 $\overline{a}_1, \overline{a}_2$ 的每一个来代替并且反之也对.

§6 基 本 定 理

我们的目的是证明下面定理(Курош).

定理 7.2 设带任意算子系的群 G 具有下面性质:群 G 的容许中心的任意(容许)子群,若群 G 本身(或者,完全一样地,G 关于换位子群的商群)可同态地映到其上,则它作为带算子的群具有主列. 这时,对群 G 的任意两个直分解都存在中心同构的接续.

首先,考察每一个直分解都恰有两个因子的情形. 在这种情形定理的结论可立刻由前一节中的引理 7.18 得出. 仅需证明,群 G 的正规子群格满足假设(A)(B) 和(C).

这样,设给定分解
$$G = A_1 \times A_2 = B_1 \times B_2 \qquad (7.42)$$
这些分解的自同态顺序用 φ_1, φ_2 和 θ_1, θ_2 表之.

假设(A) 如我们由 §4 知道的,映射 $\theta_1 \varphi_1 \theta_2$ 是带算子的自同态,把群 G 映入容许中心. 这对于映射 $\varphi_1 \theta_1 \varphi_2$ 就更是对的了. 另,自同态 φ_1 把中心的子群映到中心的子群上,这是因为中心之元素的分支也属于中心. 因此,$G \varphi_1 \theta_1 \varphi_2 \theta_2 \varphi_1$,还有 $G \varphi_2 \theta_1 \varphi_2 \theta_2 \varphi_2$ 和 $G \theta_j \varphi_1 \theta_j \varphi_2 \theta_j (j = 1, 2)$,都是中心的容许子群,因而(A) 由定理的已给条件得出.

Sperner 引理

假设(B) 我们下面将把 n_1 和 $\overline{a}_1$ 改写作 N_1 和 $\overline{A}_1$. 需要证明
$$A_1 = \{N_1, \overline{A}_1\}$$
若 a_1 是 A_1 中任意元素,则由引理 7.13,得
$$a_1 \eta^{k_0} \in \overline{A}_1$$
但是 $\overline{A}_1 \eta^{k_0} = \overline{A}_1$,即在 $\overline{A}_1$ 中存在元素 $\overline{a}_1$,使得
$$\overline{a}_1 \eta^{k_0} = a_1 \eta^{k_0}$$
由之有
$$(\overline{a}_1^{-1} a_1) \eta^{k_0} = 1$$
即由引理 7.14 知 $\overline{a}_1^{-1} a_1 \in N_1$,因而 $a_1 \in \{N_1, \overline{A}_1\}$.

假设(C) 将把 $\overline{b}_1$ 改写成 B_1. 需要证明包含关系
$$\overline{B}_1 \subsetneq \{\overline{A}_1, B_2\} \qquad (7.43)$$
设 x 是 $\overline{B}_1$ 中任意元素. 因为
$$\overline{B}_1(\varphi_1 \theta_1 \varphi_2 \theta_1) = \overline{B}_1$$
故在 $\overline{B}_1$ 有元素 y,使得
$$y \varphi_1 \theta_1 \varphi_2 \theta_1 = x$$
另,设 k'_0 是一个数,它对 $\overline{B}_1$ 所起的作用就相当于数 k_0 在引理 7.13 中对 $\overline{A}_1$ 所起的作用;用 k 表示这两个数中的最大者. 此时在 B_1 中存在元素 b_1,使得
$$b_1(\varphi_1 \theta_1 \varphi_2 \theta_1)^k = y \qquad (7.44)$$
依次把相应的元素通过它们在式(7.42)的第一和第二分解中的分支表示出来,便有
$$y \varphi_1 = y \varphi_1 \theta_1 \cdot y \varphi_1 \theta_2 = y \varphi_1 \theta_1 \varphi_1 \cdot y \varphi_1 \theta_1 \varphi_2 \cdot y \varphi_1 \theta_2$$
$$= y \varphi_1 \theta_1 \varphi_1 \cdot y \varphi_1 \theta_1 \varphi_2 \theta_1 \cdot y \varphi_1 \theta_1 \varphi_2 \theta_2 \cdot y \varphi_1 \theta_2$$
由之得
$$x = y \varphi_1 \theta_1 \varphi_2 \theta_1$$

第 7 章　直积与格

$$= (y\varphi_1\theta_1\varphi_1)^{-1} \cdot y\varphi_1 \cdot (y\varphi_1\theta_2)^{-1}(y\varphi_1\theta_1\varphi_2\theta_2)^{-1}$$
$$(7.45)$$

最后等式右侧的最后两个因子显然属于 B_2. 今证,属于 A_1 的前面两个因子包含在 $\overline{A}_1$ 中. 为此要把前一节中引理 7.2 和 7.3 弄得精确一些,因为我们要把它们用到群的元素上,而不是它的子群上.

引理 7.2′　对任意元素 $x \in G$,有
$$x\theta_1\varphi_1\theta_2 = x^{-1}\theta_1\varphi_2\theta_2$$
由上式中交换 θ_1 和 θ_2,以及 θ 和 φ 的地位而得到的等式也都是成立的.

实际上,因为
$$x\theta_1 = x\theta_1\varphi_1 \cdot x\theta_1\varphi_2$$
故
$$x\theta_1\varphi_1\theta_2 \cdot x\theta_1\varphi_2\theta_2 = (x\theta_1\varphi_1 \cdot x\theta_1\varphi_2)\theta_2 = x\theta_1\theta_2 = 1$$

引理 7.3′　若元素 x 含在子群 A_1 中,则
$$x\theta_1\varphi_1\theta_2\varphi_1 = x\theta_2\varphi_1\theta_1\varphi_1$$
它的证明和对引理 7.3 的一样,此时应当注意,在证明过程中将不得不四次使用引理 7.2′.

我们现在回到等式(7.45). 利用式(7.44) 和引理 7.2′ 和 7.3′,可得
$$y\varphi_1 = b_1(\varphi_1\theta_1\varphi_2\theta_1)^k\varphi_1 = (b_1\varphi_1)(\theta_1\varphi_2\theta_1\varphi_1)^k$$
$$= (b_1\varphi_1)(\theta_1\varphi_1\theta_2\varphi_1)^k \in \overline{A}_1$$
$$y\varphi_1\theta_1\varphi_1 = b_1(\varphi_1\theta_1\varphi_2\theta_1)^k\varphi_1\theta_1\varphi_1 = (b_1\varphi_1)(\theta_1\varphi_2\theta_1\varphi_1)^k\theta_1\varphi_1$$
$$= (b_1\varphi_1)(\theta_1\varphi_1\theta_2\varphi_1)^k\theta_1\varphi_1$$
$$= (b_1\varphi_1\theta_1\varphi_1)(\theta_2\varphi_1\theta_1\varphi_1)^k \in \overline{A}_1$$

这就证明了包含关系(7.43). 假设(C) 的其他结论可相应地证明.

组合数学:发展趋势与例[①]

第 8 章

组合数学目前是一个很活跃的数学分支,并且我们有充分的理由相信,将来它会变得更加活跃.组合数学的发展趋势之一是,利用数学其他分支中的方法来解纯组合问题的倾向日益增长.这方面的一个熟知的例子就是代数拓扑学(在代数拓扑学中,拓扑问题与代数问题互相转换).我们将用两个例子来说明它们已在组合数学中得到十分有效的应用.

第一个例子是有界凸多面体理论中的一个有趣的课题.这一课题已有悠久的历史和重要应用.特别是它已应用到线性规划和凸规划的技术上.然而我

[①] Kenneth Baclawski: Combinatorics: Trends and Examples. 译自: *New Directions in Applied Mathematics*, Edited by P. J. Hilton and G. S. Young, Springer-Verlag, New York Inc. 1982, 1-10.

们将要讨论的"面数问题"仅在近来才获解决. 解决这个问题的意想不到的特点是：它要用到 Cohen-Macaulay 环论的一个不平凡的结果.

第二个例子是仅在近期内才开始研究的组合课题：离散不动点理论. 虽然现在已经得到某些惊人的和出乎意料的结果，然而由此又使人们猜想：存在一种漂亮的理论等待我们去发展.

（有界）凸多面体是由线性方程和不等式定义的 n 维欧氏空间 $\mathbf{R}^n$ 的一个有界子集. 这种图形的边界分成各种维数的面，最高维的面称为侧面，令 d 表示侧面的维数. 顶点（或极点）是 0 维面，棱是 1 维面，余此类推. 令 f_k 表示 k 维面的个数. 我们称 f_k 为有界多面体的第 k 面数，而称 $d+1$ 元组 $(f_0,f_1,\cdots,f_d)$ 为面向量. 例如图 8.1，$\mathbf{R}^3$ 中的立方体有 8 个顶点，12 条棱，6 个侧面，所以它的面向量是

$$(f_0,f_1,f_1)=(8,12,6)$$

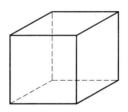

图 8.1

如果有界多面体的内部是非空的，那么第 d 面数 f_d 是定义此多面体所需要的非多余约束个数. 在线性规划中，给定一组约束，于是，一个很自然的"复杂性"问题是，已知 f_d 后，确定每个面数 f_i 的上界. 人们更渴望的问题是去表征那些可作为面向量出现的所有可能的 $d+1$ 元组. 这些问题之所以是有趣的，一者是因为

课题的内在的完美性,再者是由于它可应用于线性规划和其他有关问题的复杂性研究.

最重要的有界凸多面体类是简单有界凸多面体类. 一个有界多面体称为简单的,如果每个 k 维面恰好被包含在 $d-k+1$ 个侧面内. 粗略地说,简单有界多面体是由"随意的"或"平面 F_l 不必是不同的",并且这些单项式形成 R 的一个基.

为了将环 R 与面向量联系起来, Staley 用到由 Macaulay 引入的一个环论概念. 一个环 S(如上面得到的) 被称作 Cohen-Macaulay 环, 如果存在线性齐次多项式 $q_1(X),\cdots,q_d(X)$ 使得:

(1) 对于每个 k, $q_k(X)$ 不是 $S/(q_1(X),\cdots,q_{k-1}(X))$ 中的零因子;

(2) $S/(q_1(X),\cdots,q_d(X))$ 作为有理向量空间是有限维的.

然后, Stanley 证明: 如果它定义的环 R 是 Cohen-Macaulay 环, 那么 McMullen 猜想是正确的. 更严格地说,

Stanley 定理 设 P 是一个简单有界多面体, 而 R 是如上定义的环, 如果 $q_1(X),\cdots,q_d(X)$ 满足上述的(1)和(2),那么第 k 个 h— 数是
$$R/(q_1(X),\cdots,q_d(X))$$
的 k 次齐次部分的维数.

于是 Stanley 把 McMullen 猜想转换成交换代数中的一个问题.

交换代数学家 Reisner(1976) 独立地证明了 Stanley 的环 R 是 Cohen-Macaulay 环, 这真是一个惊奇的巧合, 实际上, Reisner 严格地表征了:通过置无平方单项式等

第8章 组合数学:发展趋势与例

于零而得到的环是 Cohen-Macaulay 环. 他的证明用到了交换代数中某些复杂的方法. 虽然现在已经知道一些比它简单得多的证明(Baclawski-Garsia(1981)), 但是, Reisner 的结果曾是一个相当好的成就. 因为他不是受任何特殊应用的刺激来研究这个问题的, 所以这就更为令人吃惊. 虽然他是从纯粹数学的角度来研究这一问题的, 但实际上他的结果比交换代数中近期来的其他任何结果有更多的应用. 像这样的情况使人们怀疑:公认的纯粹数学和应用数学之间的差别是否是对的.

面向量理论并非因为有了 Stanley-Reisner 的结果而终结了. 实际上, McMullen 继续猜想 $h-$ 向量的一个更强的性质, 他认为这个性质将完全刻画 $h-$ 向量的特征. 为了陈述这个问题, 我们返回到差分三角形表. 由 Dehn-Sommerville 方程, $h-$ 向量是被其前半部分完全确定的. 利用这个前半部分继续再作一行差分. McMullen 猜想这最后一行还是一个 $M-$ 序列并且该性质刻画了 $h-$ 向量的特征, 因此也刻画了凸多面体的面向量的特征. 这个猜想已由 Stanley(1980) 和 Billera-Lee(1980) 证明. 证明中用到了"困难的"Lefschetz 定理以及 Stanley-Reisner 环.

```
          1
        1   6
      1   5   12
    1   4   7   8
  1   3   3   1
1   2
```

图 8.2 立方体的扩张差分三角形

Stanley 发现了凸多面体理论中的一个组合问题

与交换环的一个性质之间的联系. 从那时起, 这一联系已经有了许多其他的应用, 并且不管人们称它为纯粹数学或应用数学, 反正它以最体面的姿态出现在数学领域中, 人们准备怎样让学生去搞这类数学? 或更一般地, 人们将应该如何教数学? 很明显, 广泛的基础是重要的. Stanley 不得不先掌握足够的交换代数知识, 才能了解 Macaulay 的工作并吸取其精华. 另外, 人们还应该使学生自觉打破常规的方法, 并勇敢地去尝试一些新的东西.

G.C.Rota 猜想

我们先介绍偏序集上秩函数的概念.

设 X 为偏序集,$\mathbf{Z}$ 为整数集,X 上的秩函数 r 就是 X 映入 $\mathbf{Z}$ 的一个映射,满足下列条件：

(1) 对于 X 中的任一极小元 a,有
$$r(a)=c$$

(2) $\forall a,b \in X$ 且 $a<b$,有
$$r(a)<r(b)$$

(3) $\forall a,b \in X$ 且 $a<b$,有
$$r(a)=r(a)+c$$

其中 $c \in \mathbf{N}$ 为某常数. 通常取 $c=0$ 或 1.

我们再介绍一下格的概念.

对于一个集 L 的两元 a,b,若在 L 中总有用 $a \cup b, a \cap b$ 表示的,则有：

(1) $a \cup b = b \cup a, a \cap b = b \cap a$

（交换律）

Sperner 引理

(2) $a \cup (b \cup c) = (a \cup b) \cup c$
　　$a \cap (b \cap c) = (a \cap b) \cap c$　　（结合律）

(3) $a \cup (a \cap b) = a, a \cap (a \cup b) = a$　（吸收律）

（见[日]中山正. 格论. 董克诚译. 上海:上海科学技术出版社）

例如,设 X 为集,$P(X)$ 为 X 的所有子集之族,则 $(P(X);\subsetneq)$ 为偏序集. 事实上,它还是格. $\forall A \in P(X)$,令 $r(A)=|A|$,则 r 就是偏序集 $P(X)$ 上的秩函数. 这里 $P(X)$ 的极小元只有唯一的一个,即空集 $\varnothing$;则 $c=r(\varnothing)=0$.

现在考虑一个有限集 X 的所有子集之族 P,回顾剖分的定义,集族 $A=\{A_1,A_2,\cdots,A_k\}$ 是 X 的剖分是指:

(1) $A_1,A_2,\cdots,A_k \neq \varnothing$;

(2) $A_1 \cup A_2 \cup \cdots \cup A_k = X$;

(3) 对 $\forall i \neq j, A_i \cap A_j = \varnothing$.

设 $A,B \in P$,且 $A=\{A_1,A_2,\cdots,A_k\}, B=\{B_1, B_2,\cdots,B_l\}$,若 $\forall i \in \{1,\cdots,l\}$,存在相应的 $j \in \{1,\cdots,k\}$,使 $B_i \subsetneq A_j$,则称 B 为 A 的加细,记作 $A \leqslant B$. 则不难验证加细关系 $\leqslant$ 是 P 上的偏序关系. 从而 $(P;\leqslant)$ 是偏序集. 不仅如此,$(P;\leqslant)$ 还是一个格.

偏序集中的非空全序子集称为链.

偏序集 $(P;\leqslant)$ 中的非空子集 A 称为反链是指对任意的 $a,b \in A, a \neq b, a \leqslant b$,以及 $b \leqslant a$ 都不成立.

设 $(P;\leqslant)$ 为任一偏序集,则 $\xi=\{C_1,C_2,\cdots,C_k\}$ 为 P 的一个链覆盖是指:

(1) ξ 是 P 的一个部分;

(2) $\forall i \in \{1,2,\cdots,k\}, C_i$ 是链.

第9章 G.C.Rota 猜想

今设 $(P;\leqslant)$ 为有限偏序集. 记 K_c 为使 $(P;\leqslant)$ 是有链覆盖 $\{C_1, C_2, \cdots, C_k\}$ 的有限偏序集，K_a 为 $(P;\leqslant)$ 中最大反链（即元数最多的反链）中的元数. 若 $(P;\leqslant)$ 还有秩函数 r，令

$$K_r = \max |A_i|$$

其中，$A_i = \{x \mid x \in P, r(x) = i\}$. 由于一个链只能含有一个反链中最多一个元素，故有

$$K_c \geqslant K_a \geqslant K_r$$

那么它们是否相等呢？Dilworth 定理证明了 $K_c = K_a$，那么它们与 K_r 的关系如何呢？这就是关于偏序集的一个极其重要的性质.

斯潘纳尔性质 一个有秩函数 r 的有限偏序集 $(P;\leqslant)$，若对于某个整数 i，P 中秩为 i 的所有元素构成 P 中的最大反链，则称该偏序集 $(P;\leqslant)$ 具有斯潘纳尔性质.

因此，一个有秩函数的有限偏序集具有斯潘纳尔性质就是 $K_a = K_r$. 前面提到的斯潘纳尔引理，也可以改述为：

设 X 是一个有限集，$P(X)$ 是 X 的所有子集之族，则 $(P(X); \subsetneqq)$ 具有斯潘纳尔性质.

在组合数学中经常遇到的最重要的四类格：一个有限集的所有子集之格；一个有限复合集的所有复合子集之格；一个有限矢量空间的所有子空间之格；以及一个有限集的所有剖分之格. 其中前三类，继斯潘纳尔引理之后，相继证明了都具有斯潘纳尔性质. 至于第四类格，1967 年 G.C.Rota 提出了一个有限集所有剖分之格是否具有斯潘纳尔性质的问题. 这个问题直到 1978 年才由 E.R.Canfield 用否定的方式予以解决，他

得到如下定理：

Canfield 定理　当有限集的元数足够多时，它的所有剖分之格不具有斯潘纳尔性质.

这个定理在格论史上具有重要的意义.

Canfield 用了三篇文章来完成其证明. 证明中用到较多的概率论知识，方法比较复杂（见 E.R. Canfield. On a problem of rota. Adv. Math, 1978, 29:1-10）.

1984 年湖南的沙基昌和 D.J.Kleitman 作了一个改进的证明. 其方法比较简单，而且对于有限集中的元数要求较低（Canfield 的结果为当 $|X| > 6.5 \times 10^{24}$ 时，X 的所有剖分之格不具有斯潘纳尔性质；而沙基昌与 Kleitman 的结果只要求 $|X| > 3.4 \times 10^6$ 即可）.

另外，关于斯潘纳尔系的数值计算及进一步研究可见[12].

Riordan 群的反演链及在组合和中的应用

第 10 章

苏州大学数学科学学院的马欣荣教授在 1996 年利用函数复合关系在 Riordan 群中引入 Riordan 反演链的概念及 Riordan 反演链存在的充要条件,给出计算组合和式的递推方法.进一步讨论了二项式系数所对应的 Riordan 反演链问题,建立了一个 Riordan 求和公式,该式蕴含了某些与 Fibonacci 数相关的恒等式在内的一系列组合恒等式.

§1 引 言

判断组合和式的封闭性和给出组

---

① 马欣荣. Riordan 群的反演链及在组合和中的应用. 数学研究与评价,1999,19(2):445-451.

Sperner 引理

合和式的分类是组合分析中两个久悬未决的问题. 最近, Shapire[14] 和 Sprugnoli[15] 分别提出 Riordan 群和 Riordan array 理论, 以求给出前一问题的肯定的回答. 为本章自成体系, 现引述其主要定义和结果如下.

定理 10.1 设 $f(t), g(t)$ 和 $F(t)$ 是实函数, $f(0)=0, g(0)\neq 0$, 且 $F(t)=\sum_{k\geqslant 0}a_k t^k$, 系数 $d_{n,k}=[t^n]g(t)f^k(t)$, 则

$$\sum_{k=0}^{n}d_{n,k}a_k=[t^n]g(t)F(f(t)) \quad (10.1)$$

其中 $[t^n]g(t)f^k(t)$ 表示函数 $g(t)f^k(t)$ 中 t^n 项的系数.

无穷阶下三角矩阵 $(d_{n,k})$, 又被记为 $\boldsymbol{A}=(g(t), f(t))$.

显然, 当 $g(t)F(f(t))$ 在点 $t=0$ 处的泰勒(Taylor)级数存在且易求, 则从式(10.1)知组合和式 $\sum_{k=0}^{n}d_{n,k}a_k$ 是封闭的.

定义 10.1 无穷阶实下三角矩阵集合
$$M_R=\{\boldsymbol{A}=(g(t),f(t))\mid f(t),g(t)\in R[t], g(0)\neq 0, f(0)=0\}$$
依照通常的矩阵乘法构成群, 称之为 Riordan 群.

不难验证, M_R 中任意两个矩阵之积具有下面性质.

性质 10.1 $\forall \boldsymbol{A}=(g(t),f(t)), \boldsymbol{B}=(g_1(t), f_1(t))\in M_R$, 则 $\boldsymbol{A}\cdot\boldsymbol{B}=(g(t)g_1(f(t)), f_1(f(t)))$.

Riordan 群的本质在于函数的复合运算, 而从复合运算的角度讨论组合和式及反演关系的思想较早地出现在徐利治提出的广义斯特林(Stirling)偶的概念

第10章 Riordan 群的反演链及在组合和中的应用

中[16,17]。本章的目的就是利用函数的复合关系,讨论 M_R 中元素间的一种特殊结构——Riordan 反演链及其在组合和中的作用,并且证明:在适当条件下,这种反演链是 M_R 某类子集合的等价关系,为组合和式封闭性及其分类问题提供一条新途径. 作为初步性的工作,较详细地讨论二项式系数的 Riordan 反演链和求和公式. 文中涉及的术语,除非另作说明,均以文[14,15]为标准,不再冗述.

§2 定义和定理

定义 10.2 $\forall \boldsymbol{A} = (a_{n,k}) = (g(t), f(t))$, $\boldsymbol{B} = (b_{n,k}) = (c_1(t), d_1(t))$ 和 $\boldsymbol{C} = (c_{n,k}) = (c_2(t), d_2(t)) \in M_R$. 假定 $\{a_k\}, \{b_k\}$ 是满足下式的两个无穷实数列

$$b_n = \sum_{k=0}^{n} a_{n,k} a_k \tag{10.2}$$

构作新的无穷实数列

$$a'_n = \sum_{k=0}^{n} b_{n,k} a_k \tag{10.3}$$

$$b'_n = \sum_{k=0}^{n} c_{n,k} b_k \tag{10.4}$$

若仍有关系式

$$b'_n = \sum_{k=0}^{n} a_{n,k} a'_k \tag{10.5}$$

则将这样一个递推过程称为 $\boldsymbol{A}$ 的 Riordan 反演链,简称为 Riordan 链. 数列 $\{a_n\}$ 和 $\{b_n\}$,$\{a'_n\}$ 和 $\{b'_n\}$ 统称为 $\boldsymbol{A}$ 的 Riordan 偶. 分别将以上 Riordan 链和 Riordan 偶记作 $(\boldsymbol{A}; \boldsymbol{B}, \boldsymbol{C})$ 和 $(\boldsymbol{A}; a_n, b_n)$.

既如此,可以给出 M_R 中元素构成 Riordan 链的充要条件.

定理 10.2 $\forall \boldsymbol{A} = (g(t), f(t)), \boldsymbol{B} = (c_1(t), d_1(t))$ 和 $\boldsymbol{C} = (c_2(t), d_2(t)) \in M_R$,Riordan 链 $(\boldsymbol{A}; \boldsymbol{B}, \boldsymbol{C})$ 存在的充分必要条件是

$$c_1(t)g(f^{-1}(t)) = c_2(t)(f^{-1}(t))g(d_2(f^{-1}(t)))$$
(10.6)

且

$$d_1(t) = f(d_2(f^{-1}(t)))$$
(10.7)

其中 $f^{-1}(t)$ 表示 $f(t)$ 的反函数.

证明 利用定义 10.2 直接验证即可,故略.

推论 1 $\forall \boldsymbol{A} = (g(t), f(t)), \boldsymbol{B} = (c_1(t), d_1(t))$ 和 $\boldsymbol{C} = (g(t), d(t))$,则 $(\boldsymbol{A}; \boldsymbol{B}, \boldsymbol{C})$ 存在当且仅当 $c_1(t) = g(d(f^{-1}(t))), d_1(t) = f(d(f^{-1}(t)))$.

推论 2 $\forall \boldsymbol{A} = (g(t), f(t)), \boldsymbol{B} = (c_1(t), d_1(t))$ 和 $\boldsymbol{C} = (d(t), t) \in M_R$,则 $(\boldsymbol{A}; \boldsymbol{B}, \boldsymbol{C})$ 存在当且仅当 $c_1(t) = d(f^{-1}(t))$ 且 $d_1(t) = t$.

这个定理也可以用生成函数来刻画.

定理 10.3 $\forall \boldsymbol{A} = (g(t), f(t)), \boldsymbol{B} = (c_1(t), d_1(t))$ 和 $\boldsymbol{C} = (c_2(t), d_2(t)) \in M_R$,假定 $F(t) = \sum_{k \geqslant 0} a_k t^k, G(t) = \sum_{k \geqslant 0} b_k t^k, F_1(t) = \sum_{k \geqslant 0} a'_k t^k$ 和 $G_1(t) = \sum_{k \geqslant 0} b'_k t^k$,且有关系式

$$G(t) = g(t)F(f(t))$$

$$F_1(t) = c_1(t)F(d_1(t)), G_1(t) = c_2(t)G(d_2(t))$$

则 $G_1(t) = g(t)F_1(f(t))$ 当且仅当式 (10.6)(10.7) 成立.

特别当矩阵 $\boldsymbol{A}, \boldsymbol{B}$ 和 $\boldsymbol{C}$ 均为可逆矩阵时,则有以下

第10章 Riordan群的反演链及在组合和中的应用

的结论.

定理 10.4 $\forall A \in M_R, A^{-1}$ 存在,则 $(A;B,C)$ 存在当且仅当 $(A^{-1};C,B)$ 存在.

定义 10.3 $(A^{-1};C,B)$ 称为 $(A;B,C)$ 的共轭链.

定义 10.4 A 的任意两个 Riordan 偶 $(A;a_n,b_n)$ 和 $(A;a'_n,b'_n)$ 称为同链的,若存在可逆的矩阵 $B=(b_{n,k}), C=(c_{n,k}) \in M_R, a'_n = \sum_{k=0}^{n} b_{n,k} a_k, b'_n = \sum_{k=0}^{n} c_{n,k} b_k$. 于是可推知

定理 10.5 同链关系是 A 的所有 Riordan 偶的等价关系.

从理论上看,同链关系可以用来划分组合恒等式,共轭链又可以用来给出组合恒等式的等价变形,确有必要对此进行深入研究. 进一步地,利用矩阵幂和函数的复合运算,可给出推论1更一般的形式.

定理 10.6 $\forall A = (g(t), f(t)), B = (c_1(t), d_1(t))$ 和 $C = (g(t), d(t)) \in M_R$,且 $(A;B,C)$ 存在,则 $(A;B^m,C^m)$ 也存在,其中

$$B^m = (\prod_{i=1}^{m} g(d^i(f^{-1}(t))), f(d^m(f^{-1}(t))))$$

$$C^m = \prod_{i=0}^{m-1} g(d^i(t)), d^m(t))$$

其中 $d^0(t) = t, d^i(t) = d^{i-1}(d(t)), m$ 为自然数.

证明 可用数学归纳法证明,略去.

Sperner 引理

§3 二项式系数的 Riordan 链

本节主要就 $A = \left(\binom{n}{k}\right) = \left(\dfrac{1}{1-t}, \dfrac{t}{1-t}\right) \in M_R$，计算它的 Riordan 反演链和相应的求和公式. 在此情形下，定理 10.2 诱导出如下定理.

定理 10.7 $\left(\left(\binom{n}{k}\right); B, C\right)$ 存在当且仅当

$$B = \left(\dfrac{1}{1 - d(\frac{t}{1+t})}, \dfrac{d(\frac{t}{1+t})}{1 - d(\frac{t}{1+t})}\right)$$

且
$$C = \left(\dfrac{1}{1-t}, d(t)\right) \in M_R$$

最易考虑的情形便是 $d(t) = t$. 结合定理 10.6 和定理 10.7，很自然地导出

定理 10.8 $\forall \left(\left(\binom{n}{k}\right); a_n, b_n\right)$，构作新的实数数列 $\{a'_n\}, \{b'_n\}$ 如下

$$a'_n = \begin{cases} \sum\limits_{k=n-m}^{n} \binom{m}{n-k} a_k & (n \geqslant m) \\ \sum\limits_{k=0}^{n} \binom{m}{n-k} a_k & (n \leqslant m) \end{cases} \quad (10.8)$$

$$b'_n = \sum_{k=0}^{n} \binom{n}{k} a'_k \quad (10.9)$$

则有关系式

$$b'_n = \sum_{k=0}^{n} \binom{m-1+n-k}{m-1} b_k \quad (10.10)$$

第 10 章 Riordan 群的反演链及在组合和中的应用

此定理称为二项式系数 $\left(\binom{n}{k}\right)$ 所对应的 Riordan 求和公式.

若 Riordan 偶 $\left(\left(\binom{n}{k}\right); a_n, b_n\right)$ 具有某种线性移位性(见下定理),则从定理 10.8 中又可演变为

定理 10.9 设 $A = \left(\binom{n}{k}\right)$ 的 Riordan 偶为 $(a_n(r), b_n(r))$,r 为参数. 数列 $\{a_n(r)\}$ 满足线性移位性,即
$$a_k(r) + a_{k-1}(r) = c(r,s) a_k(r+s) \quad (10.11)$$
其中 $c(r,s)$ 是与 k 无关的常数. 则
$$\sum_{k=0}^{n} \binom{m-1+n-k}{m-1} b_k(r)$$
$$= c^m(r,s) b_n(r+ms) +$$
$$\sum_{k=0}^{m-1} \binom{n}{k} \{a_k(r,m) - c^m(r,s) a_k(r+ms)\} \quad (10.12)$$

其中 $a_k(r,m) = \sum\limits_{\substack{l=k-m \\ l \geqslant 0}} \binom{m}{k-l} a_l(r)$.

证明 利用线性移位性可归纳地证明
$$\sum_{k=n-m}^{n} \binom{m}{n-k} a_k(r) = c^m(r,s) a_n(r+ms) \quad (n \geqslant m)$$
利用式(10.8)和(10.9)构作新的 Riordan 偶
$$a_n(r,m) = \sum_{k=n-m}^{n} \binom{m}{n-k} a_k(r)$$
$$b_n(r,m) = \sum_{k=0}^{n} \binom{n}{k} a_k(r,m)$$
$$= \sum_{k=m}^{n} \binom{n}{k} a_k(r,m) + \sum_{k=0}^{m-1} \binom{n}{k} a_k(r,m)$$

$$= c^m(r,s) \sum_{k=m}^{n} \binom{n}{k} a_k(r+ms) +$$

$$\sum_{k=0}^{m-1} \binom{n}{k} \{a_k(r,m) - c^m(r,s) a_k(r+ms)\}$$

且由式(10.11)知 $\sum_{k=0}^{n} \binom{n}{k} a_k(r+ms) = b_n(r+ms)$. 故知原命题成立.

§4 一些基本的 Riordan 偶

本节主要根据 G. H. Gould[19] 所收集的 550 个组合恒等式,选择性地给出 $\left(\binom{n}{k}\right)$ 的一些 Riordan 偶及性质,结合上节所得结论,具体给出各自的求和公式,意在说明前面结论的意义.

表 10.1 $\left(\binom{n}{k}\right)$ 的 Riordar 偶

	a_n 或 $a_n(r)$	b_n 或 $b_n(r)$	备 注
1	F_n	F_{2n}	$F_{n+1} = F_n + F_{n-1}$
2	$\mu^n F_{nq+r}$	$\lambda^n F_{np+r}$	$F_0 = F_1 = 1$ $\lambda = (-1)^p F_q / F_{q-p}$ $\mu = (-1)^p F_p / F_{q-p}$
3	$\binom{x}{n+r}$	$\binom{n+x}{n+r}$	$a_n(x) + a_{n-1}(x) = a_n(x+1)$
4	$(-1)^n \binom{x-n}{r}$	$\binom{x-n}{r-n}$	$a_n(r) + a_{n-1}(r) = -a_n(r-1)$

第10章 Riordan 群的反演链及在组合和中的应用

续表 10.1

5	$\dfrac{(-1)^n}{\binom{b+n}{c}}$	$\dfrac{c}{c+n} \cdot \dfrac{1}{\binom{n+b}{b-c}}$	$a_n(c)+a_{n-1}(c)=$ $(-\dfrac{c}{c+1})a_n(c-1)$
6	$\dfrac{\binom{z}{n}}{\binom{x+n}{x}}$	$\dfrac{\binom{x+z+n}{n}}{\binom{x+n}{n}}$	$a_n(z)+a_{n-1}(z)=$ $\dfrac{z+x+1}{z+1}a_n(z+1)$
7	$\dfrac{(-1)^n \binom{z}{n}}{\binom{y}{n}}$	$\dfrac{\binom{z-y}{n}}{\binom{y}{n}}$	$a_n(z)+a_{n-1}(z)=$ $(-\dfrac{y-z}{z+1})a_n(z+1)$

经计算,不难给出以上各个 Riordan 偶所诱导的组合和式. 限于篇幅,各式的具体计算过程一并略去.

(1) $F_{2n+m} = \sum_{k=0}^{n} \binom{m-1+n-k}{m-1} F_{2k}$, $F_{n+m} = \sum_{k=0}^{n} (-1)^{n-k} \binom{n}{k} F_{2k+m}$, $F_m = \sum_{k=0}^{n} (-1)^{n-k} \binom{m}{n-k} F_{2k+m}$, $F_n = \sum_{k=0}^{n} (-1)^{n-k} \binom{m-1+n-k}{m-1} F_{2k+m}$, 其中后三式是由 $\left(\left(\binom{y}{k}\right); \boldsymbol{B}, \boldsymbol{C}\right)$ 的共轭链 $\left((-1)^{n-k}\binom{n}{k}; \boldsymbol{C}, \boldsymbol{B}\right)$ 诱导出来的.

(2) 根据 Carlitz[18] 所得结论,可由数学归纳法证明

$$\sum_{k=n-m}^{n} \binom{m}{n-k} \mu^k F_{kq+r} = (\dfrac{\lambda}{\mu})^m \mu^n F_{mp+(n-m)q+r}$$

利用定理 10.9 和 (10.12),可得

Sperner 引理

$$\sum_{k=0}^{n} \binom{m-1+n-k}{m-1} \lambda^k F_{kp+r}$$

$$= \frac{\lambda^{m+n}}{\mu^m} F_{(m+n)p-mq+r} + \sum_{k=0}^{m-1} \binom{n}{k} \{a'_k - (\frac{\lambda}{\mu})^m \mu^k F_{kp+(p-q)m+r}\}$$

其中 $a'_k = \sum_{k \geq n-m}^{n} \binom{m}{n-k} \mu^k F_{kq+r}$.

(3) $\sum_{k=0}^{n} \binom{m-1+n-k}{m-1} \binom{k+x}{k+r} = \binom{n+m+x}{n+r}$.

(4) $\sum_{k=0}^{n} \binom{m-1+n-k}{m-1} \binom{x-k}{r-k}$

$$= (-1)^m \binom{x-n}{r-m-n} +$$

$$\sum_{k=0}^{m-1} \binom{n}{k} \{a_k(r,m) + (-1)^{m+1} a_k(r-m)\}$$

其包括下式($m=1$)

$$\sum_{k=0}^{n} \binom{x-k}{r-h} = \binom{x+1}{r} - \binom{x-n}{r-n-1}$$

(5) $\sum_{k=0}^{n} \binom{m-1+n-k}{m-1} \frac{c}{c+k} \frac{1}{\binom{b+k}{b-c}}$

$$= (-\frac{c}{c+1})^m \frac{c+m}{c+m+n} \frac{1}{\binom{b+n}{b-c-m}} +$$

$$\sum_{k=0}^{m-1} \binom{n}{k} \{a_k(c,m) - (\frac{-c}{c+1})^m a_k(c+m)\}$$

此处 $b \geq c+m$.

$m=1$ 则立刻有

第 10 章　Riordan 群的反演链及在组合和中的应用

$$\sum_{k=0}^{n} \frac{c}{c+k} \frac{1}{\binom{b+k}{b-c}}$$

$$= \frac{1}{\binom{b}{c}} + \frac{c}{c+1} \frac{1}{\binom{b}{c+1}} - \frac{c}{c+1+n} \frac{1}{\binom{b+n}{b-c-1}}$$

(6) $\displaystyle\sum_{k=0}^{n} \binom{m-1+n-k}{m-1} \frac{\binom{x+z+k}{k}}{\binom{x+k}{k}}$

$$= \left(\frac{x+z+1}{z+1}\right)^m \frac{\binom{x+z+n+m}{n}}{\binom{x+n}{x}} +$$

$$\sum_{k=0}^{m-1} \binom{n}{k} \left\{ a_k(z,m) - \left(\frac{x+z+1}{z+1}\right)^m a_k(z+m) \right\}$$

当 $m=1$ 时特别推得

$$\sum_{k=0}^{n} \frac{\binom{x+z+k}{k}}{\binom{x+k}{k}} = \frac{x}{z+1} + \frac{x+z+1}{z+1} \frac{\binom{x+z+1+n}{n}}{\binom{x+n}{n}}$$

(7) $\displaystyle\sum_{k=0}^{n} \binom{m-1+n-k}{m-1} \frac{(-1)^k \binom{y-z}{k}}{\binom{y}{k}}$

$$= \sum_{k=0}^{m-1} \binom{n}{k} \left\{ a_k(z,m) - \left(\frac{z-r}{z+1}\right)^m a_k(z+m) \right\}$$

各式中 $a_k(z,m)$ 均由定理 10.8 给出.

注　本章所得结论亦可以用以建立新的关系式,

Sperner 引理

如下例.

(8) 由文[19]知组合恒等式 $\sum_{k=0}^{n}(-1)^k \binom{n}{k}\dfrac{\binom{2k}{k}}{2^{2k}} = \dfrac{\binom{2n}{n}}{2^{2n}}$,故可得 $\left(\binom{n}{k}\right)$ 的 Riordan 偶 $a_n = (-1)^k \dfrac{\binom{2n}{n}}{2^{2n}}$,$b_n = \dfrac{\binom{2n}{n}}{2^{2n}}$,代入定理 10.8(此时 $m=1$),便得新的恒等式

$$\sum_{k=0}^{n}(-1)^{k+1}\binom{n}{k}\dfrac{1}{2k-1}\dfrac{\binom{2k}{k}}{2^{2k}} = \dfrac{2n+1}{2^{2n}}\binom{2n}{n}$$

关于在同链关系下划分 Riordan 偶的问题将在作者后续工作中加以探讨.

两种反演技巧在组合分析中的应用

第 11 章

1985 年大连理工大学应用数学研究所的徐利治教授以两种反演公式为基础,给出相应的两种反演技巧对组合分析的新应用:一是建立广义的斯特林数偶的一般概念及基本性质,二是对某些较难的著名公式给出统一的证法模式并指出寻找新公式的途径.文中还指出一些尚未解决的问题.

§1 引 言

反演技巧是现代组合数学中的重要方法,在现代数学文献中已有不少论述,特别,著名的 Möbius 反演公式及其

---

① 徐利治.两种反演技巧在组合分析中的应用.辽宁大学学报(自然科学版),1985,3:1-11.

Sperner 引理

拓广的种种应用,已在 Rota[31],Wilf[32], Bender-Goldman[25] 和徐利治[21] 等人的文章中有过较详细的论述,这里将不再讨论. 本章只限于考虑另外两种普遍反演公式所提供的反演技巧在组合分析中的一些重要应用.

徐利治教授曾提出用自反函数导出自反级数变换的方法. 在 1981 年的工作中对此方法曾做了进一步的发展和总结[22][23],其中已经述及由一般互逆函数导致一般互反公式的命题,后来又进一步得到了互反积分变换的相应结果[24].

本章所要论述的第一种反演技巧就是以互反函数导出的互反公式为基础. 可以看出这一反演技巧所能给出的最漂亮的应用,莫过于自然地引出一类广义斯特林数偶的普遍概念及理论. 因此它能把组合数学中的一些著名的特殊数偶及其性质的研究统一在更一般的理论框架中.

我们要论述的第二种反演技巧是以 Gould 与徐利治教授 1973 年合作发表的论文中的基本结果为依据[27]. 该基本结果曾由 L. Carlitz 作过类比推广,并在 Greene-Knuth 的著作中作过介绍[29],事实上这里所述及的反演公式(Gould-Hsu 反演关系),其应用范围不限于组合数学,例如对插值法也有应用. 本章要指出的是,借助于我们的反演公式可以对一大类组合恒等式给出统一的证法技巧,所谓"嵌入技巧". 例如,公认为组合分析中较深刻的阿贝尔恒等式、Hagen-Rothe 卷积型公式和琴生(Jensen)公式等,都可按照统一的模式去导出(或发现)新的证明.

第 11 章　两种反演技巧在组合分析中的应用

§2　反演技巧之一：
广义斯特林数偶的产生方法

第一种和第二种斯特林数 $S_1(n,k)$ 与 $S_2(n,k)$ 在分析计算中的重要性是众所周知的. 它们的一系列重要性质及应用在 Ch. Jordan 的《有限差分计算》和 L. Comtet 的《高等组合学》等著作中都有专章论述[26]. 熟知这两种数的发生函数（生成函数）分别为

$$\frac{1}{k!}[\lg(1+t)]^k = \sum_{n=0}^{\infty} \frac{t^n}{n!} S_1(n,k) \quad (11.1)$$

$$\frac{1}{k!}(e^t-1)^k = \sum_{n=0}^{\infty} \frac{t^n}{n!} S_2(n,k) \quad (11.2)$$

由式(11.1)(11.2) 立即得知 $S_1(n,k) = S_2(n,k) = 0$ $(0 \leqslant n < k)$. 特别,我们规定 $S_1(0,0) = S_2(0,0) = 1$, 由式(11.1)(11.2) 还可证得如下一对互反变换公式

$$\begin{aligned} a_n &= \sum_{k=0}^{n} S_1(n,k) b_k \\ b_n &= \sum_{k=0}^{n} S_2(n,k) a_k \end{aligned} \quad (11.3)$$

其中 $\{a_k\}$ 或 $\{b_k\}$ 可以是任意数列. 所谓"互反"是指式(11.3) 中的两组关系式是等价的,即可以互推的.

可以注意,式(11.1)(11.2) 左端出现的两个函数 $\phi(t) = \lg(1+t)$ 与 $\psi(t) = e^t - 1$ 是一对满足条件 $\phi(0) = \psi(0) = 0$ 的互逆函数, 即满足互逆关系 $\phi(\psi(t)) = \psi(\phi(t)) = t$ 的函数. 因此可以认为 $S_1(n,k)$ 与 $S_2(n,k)$ 是由上述一对特殊的互逆函数所引出的特

殊数偶.我们把它们之间的相应关系记成

$$\{\lg(1+t), e^t - 1\} \Leftrightarrow \{S_1(n,k), S_2(n,k)\}$$

根据上述观点,我们很自然地想到应该可以利用一般的互逆函数去导出广义的斯特林数偶.应用我们早先工作中的结果可以很快验证这一想法是合理的.

为了给出一般性的结果,往后考虑的任何幂级数都属于形式幂级数环 $\Gamma \equiv (\Gamma, +, \cdot)$ 中的元素,其系数域可以是实数域或复数域.至于形式幂级数的各种运算(包括加、乘、求导、复合)的规定与法则均一如常规.不妨参考 L. Comtet 的前面提到的著作[26].

如果 $\phi(t), \psi(t)$ 都是 Γ 中的元素,$\phi(0) = \psi(0) = 0$ 而且 $\phi(\psi(t)) = \psi(\phi(t)) = t$,则称 ϕ 与 ψ 为 Γ 中的互逆元素,记作 $\{\phi, \psi\}$ 或 $\{\psi, \phi\}$.特别,若 ψ 与 ϕ 相同,即 $\phi(\phi(t)) = t$,则称 ϕ 为自反元素.

现在我们来给出广义斯特林数偶的概念.

定义 11.1 设 f 与 g 属于 Γ,又设

$$\begin{cases} \dfrac{1}{k!}(f(t))^k = \sum_{n \geqslant 0} A_1(n,k) \dfrac{t^n}{n!} \\ \dfrac{1}{k!}(g(t))^k = \sum_{n \geqslant 0} A_2(n,k) \dfrac{t^n}{n!} \end{cases} \quad (11.4)$$

则 $A_1(n,k)$ 与 $A_2(n,k)$ 称为一对广义斯特林数当且仅当 $\{f, g\}$ 是一对互逆元素(其中 $f(0) = g(0) = 0$),这样,我们便同时拓广了两种普通斯特林数的概念.同样我们有 $A_1(n,k) = A_2(n,k) = 0 (n < k)$,并规定 $A_1(0,0) = A_2(0,0) = 1$. 互逆元素与数偶间的相应关系可以表作 $\{f, g\} \leftrightarrow \{A_1(n,k), A_2(n,k)\}$.

就两种普通斯特林数而言,有如下熟知的反演公式

第11章 两种反演技巧在组合分析中的应用

$$a_n = \sum_{k=0}^{n} S_1(n,k) b_k, \quad b_n = \sum_{k=0}^{n} S_2(n,k) a_k \quad (11.5)$$

其中$\{a_k\}$或$\{b_k\}$为任意给定数列。通过类比自然使人想到广义斯特林数偶将导致如下形式的一般反演公式

$$\begin{cases} a_n = \sum_{k=0}^{n} A_1(n,k) b_k \\ b_n = \sum_{k=0}^{n} A_2(n,k) a_k \end{cases} \quad (11.6)$$

事实上,可以证明这种反演公式的存在性正是$\{A_1(n,k), A_2(n,k)\}$成为广义斯特林数偶的重要特征。这由下述定理所断言:

定理 11.1 按式(11.4)给出的数偶$\{A_1(n,k), A_2(n,k)\}$成为广义斯特林数偶的必要与充分条件是反演关系式(11.6)对一切数列$\{a_k\}$或$\{b_k\}$恒成立。

这个定理解答了这样一个问题:当任意给定第一种广义斯特林数$A_1(n,k)$之后,便可以利用式(11.6)中第一式的逆变换(线性变换的求逆)以求得第二式。于是第二式中的$A_2(n,k)$便是与$A_1(n,k)$相匹配的第二种广义斯特林数。这就是说,通过数列变换式的反演可以获得广义斯特林数偶,当然,也可以直接根据定义中的式(11.4)来产生数偶$\{A_1(n,k), A_2(n,k)\}$。但在这种情况下,当给定$A_1(n,k)$的相应的$f(t)$之后,就必须求得它的逆元素$g(t)$,然后再按照式(11.4)中第二式的展开形式以确定$A_2(n,k)$。

根据形式幂级数求导法则,易见式(11.4)中的数偶也可表成导数形式(其中$D \equiv d/dt$)

$$\begin{aligned} A_1(n,k) &= \frac{1}{k!} D^n (f(t))^k \big|_{t=0} \\ A_2(n,k) &= \frac{1}{k!} D^n (g(t))^k \big|_{t=0} \end{aligned} \quad (11.7)$$

由定义可以看出,为证明定理 11.1 只需建立这样一个命题:设 $A_1(n,k)$ 与 $A_2(n,k)$ 按式(11.4)定义,则反演公式(11.6)成立的必要与充分条件是 $\{f,g\}$ 是一对互逆元素,即 $f(g(t))=g(f(t))=t, f(0)=g(0)=0$.

命题证明 首先注意式(11.6)成立的充要条件是

$$\sum_{n\geqslant 0} A_1(m,n)A_2(n,k) = \sum_{n\geqslant 0} A_2(m,n)A_1(n,k) = \delta_{mk}$$

(11.8)

这里 δ_{mk} 为 Kronecker 记号(此点验证甚易,故从略).

今假定反演公式(11.6)成立,也即假定式(11.8)成立. 于是根据式(11.4),将其中第一式代入第二式,按照复合法则可得

$$\frac{1}{k!}(g(f(t)))^k = \sum_{n\geqslant 0} A_2(n,k) \sum_{m\geqslant 0} A_1(m,n) \frac{t^m}{m!}$$

$$= \sum_{m\geqslant 0} \frac{t^m}{m!} \left(\sum_{n\geqslant 0} A_1(m,n)A_2(n,k) \right)$$

$$= \sum_{m\geqslant 0} \frac{t^m}{m!} \delta_{mk} = \frac{t^k}{k!}$$

由此可知 $g(f(t))=t$. 同理可得 $f(g(t))=t$. 因此命题中的条件是必要的.

今再假定 $f(g(t)) = g(f(t)) = t$. 于是根据式(11.4),将其中第二式代入第一式易见

$$\frac{1}{k!}t^k = \frac{1}{k!}(f(g(t)))^k$$

$$= \sum_{m\geqslant 0} \frac{t^m}{m!} \left(\sum_{n\geqslant 0} A_2(m,n)A_1(n,k) \right)$$

比较两端 t 的系数可得

第 11 章　两种反演技巧在组合分析中的应用

$$\sum_{n\geqslant 0} A_2(m,n)A_1(n,k) = \delta_{mk}$$

同理可得式(11.8)中的第一式.因此式(11.8)成立,也即反演公式(11.6)成立.这证明命题中的条件也是充分的.

根据如上讨论的一般概念,可知从任意一对如下形式的互逆元素

$$\begin{cases} f(t) = \sum_{k\geqslant 1} \alpha_k t^k/k! \\ g(t) = \sum_{k\geqslant 1} \beta_k t^k/k! \end{cases} \quad (11.9)$$

出发(其中 $f(g(t))=t$),都可以获得一对相应的广义斯特林数.特别,可以立即给出如下的一批特例,即特殊的斯特林数偶.

$f(t)$	$g(t)$	$A_1(n,k)$	$A_2(n,k)$
$\lg(1+t)$	e^t-1	$s_1(n,k)$	$s_2(n,k)$
$\mathrm{tg}\, t$	$\mathrm{arctg}\, t$	$T_1(n,k)$	$T_2(n,k)$
$\sin t$	$\arcsin t$	$\mathscr{G}_1(n,k)$	$\mathscr{G}_2(n,k)$
$\mathrm{sh}\, t$	$\mathrm{arsh}\, t$	$\sigma_1(n,k)$	$\sigma_2(n,k)$
$\mathrm{th}\, t$	$\mathrm{arth}\, t$	$\tau_1(n,k)$	$\tau_2(n,k)$
$t/(t-1)$	$t/(t-1)$	$(-1)^{n-k}L(n,k)$	$(-1)^{n-k}L(n,k)$

表中的 $T_1(n,k), T_2(n,k)$ 叫作正切数与反正切数.在 Comtet 的著作中有它们的数值表(见该书 259—260 页). $\mathscr{G}_i(n,k), \sigma_i(n,k)\tau_i(n,k)(i=1,2)$ 不妨分别叫作正弦数、反正弦数、双曲正弦数、反双曲正弦数、双曲正切数、反双曲正切数.又 $L(n,k)$ 便是熟知的 Lah 数,其显式表示为

$$L(n,k) = (-1)^n \frac{n!}{k!}\binom{n-1}{k-1}$$

§3 广义斯特林数的一些基本性质

我们知道,普通的斯特林数都有显式表示,并有便于计算的递推公式.因此自然要问:广义斯特林数是否也有这些性质?下面将对这个问题作出肯定回答.

由式(11.7)已知 $A_i(n,k)(i=1,2)$ 均表为复合函数的高阶导数,故利用 Bell 多项式即可求得其显式表示,试采用如下形式的 Bell 多项式记法

$$Y_n(fg_1,\cdots,fg_n) = \sum_{(J)} \frac{n!\,f}{j_1!\cdots j_n!} \left(\frac{g_1}{1!}\right)^{j_1} \cdots \left(\frac{g_n}{n!}\right)^{j_n}$$

这里的求和条件 (J) 表示非负整数组 $(j_1,j_2,\cdots,j_n)$ 走遍适合如下条件的一切数组:$j_1+j_2+\cdots+j_n=v,1j_1+2j_2+\cdots+nj_n=n,v=1,\cdots,n.$

假设互逆元素 $f(t),g(t)$ 具有式(11.9)的形式,也即 $\alpha_k = f^{(k)}(0), \beta^k = g^{(k)}(0)(k=1,2,\cdots)$.在我们的另一文中实际已经给出[24]

$A_1(n,k) = Y_n(f\alpha_1,\cdots,f\alpha_n), A_2(n,k) = Y_n(f\beta_1,\cdots,f\beta_n)$,其中 $f_v = \delta_{K_v}$ (Krorecker 记号).因此,$A_1(n,k)$ 具有显式表示

$$A_1(n,k) = \sum_{(J_k)} \frac{n!}{j_1!\cdots j_n!} \left(\frac{\alpha_1}{1!}\right)^{j_1} \cdots \left(\frac{\alpha_n}{n!}\right)^{j_n}$$

(11.10)

其中求和条件为 $(J_k),j_1+j_2+\cdots+j_n=k,1j_1+2j_2+\cdots+nj_n=n.$ 只需改 α 为 β 即得 $A_2(n,k)$ 的显式表示.

有关递推关系我们有如下的定理.

定理 11.2 对于任何一对广义斯特林数 $A_1(n,$

第 11 章 两种反演技巧在组合分析中的应用

k)与 $A_2(n,k)$ 来说,都有如下的递推关系式

$$A_r(n+1,k) = \sum_{j=0}^{n}\binom{n}{j}A_r(j,k-1)A_t(n-j+1,1)$$

(11.11)

这里的 $r=1,2$. 又 $A_1(n-j+1,1)=\alpha_{n-j+1}$, $A_2(n-j+1,1)=\beta_{n-j+1}$.

关于式(11.11)的证明极为容易. 例如,对式(11.4)中第一式的两端同时求导,得

$$\frac{1}{(k-1)!}(f(t))^{k-1}\cdot f'(t) = \sum_{n\geq 0}A_1(n+1,k)\frac{t^n}{n!}$$

上式左端又可写成

$$\left(\sum_{n\geq 0}A_1(n,k-1)\frac{t^n}{n!}\right)\left(\sum_{m\geq 0}A_1(m+1,1)\frac{t^m}{m!}\right)$$

将此乘开之后并与原式右端比较同次幂系数,即可得到式(11.11),其中 $r=1$. 关于 $r=2$ 的情形与此完全相同.

例 11.1 取 $f(t)=\lg(1+t), g(t)=e^t-1$,则与(11.9)比较可得 $\alpha_k=(-1)^{k-1}(k-1)!, \beta_\gamma=1$ 因此按式(11.11)便可得到关于通常斯特林数的两个递推关系式

$$S_1(n+1,k) = \sum_{j=0}^{n}\binom{n}{j}S_1(j,k-1)(-1)^{n-j}(n-j)!$$

$$S_2(n+1,k) = \sum_{j=0}^{n}\binom{n}{j}S_2(j,k-1)$$

这些递推式中的流标 j 都出现在 $S_r(\cdot,\cdot)$ 中的第一个位置上,通常在数值表中表现为垂直型递推关系. 仿此,公式(11.11)即可称为"垂直型递推式",那么可否找到流标出现在 $A_i(\cdot,\cdot)$ 中第二个位置上的所谓"水平型递推式"呢? 当然这种递推式应该像式(11.11)

那样是便于实际计算的. 这似乎是一个有趣的问题, 但本章未能解决.

早在 50 年前, Aitken 就曾研究过所谓 Bell 数 $\omega(n)$ 的性质. 这种数的定义是 $\omega(0)=1$, 而于 $n \geqslant 1$ 时 $\omega(n)=\sum_{1\leqslant k\leqslant n} S_2(n,k)$ 他还给出递推关系式

$$\omega(n+1)=\sum_{0<j<n}\binom{n}{j}\omega(j) \quad (n\geqslant 0)$$

从广义斯特林数 $A_r(n,k)$ 出发, 我们可以把

$$W_\gamma(n)=\sum_{k=1}^{n}A_t(n,k) \quad (n\geqslant 1) \quad (11.12)$$

叫作广义 Bell 数, 特别可规定 $W_r(0):=1$. 于是从定理 11.2 可得下述推论.

推论 关于广义 Bell 数有如下的递推关系

$$w_r(n+1)=\sum_{j=0}^{n}\binom{n}{j}A_r(n-j+1,1)\cdot W_r(j)$$

$$(11.13)$$

其中 $\{A_1(n,k), A_2(n,k)\}$ 为广义斯特林数偶, 而 $A_1(n-j+1,1)=\alpha_{n-j+1}, A_2(n-j+1,1)=\beta_{n-j+1}$.

为证明式(11.13), 只需在式(11.11)两端关于 k 求和. 不难得出

$$w_r(n+1)=\sum_{k=1}^{n+1}\sum_{j=0}^{n}A_r(n-j+1,1)\binom{n}{j}A_r(j,k-1)$$

$$=\sum_{j=0}^{n}A_r(n-j+1,1)\binom{n}{j}\sum_{k=1}^{n}A_r(j,k)$$

$$=\sum_{j=0}^{n}A_r(n-j+1,1)\binom{n}{j}w_r(j)$$

其中我们用到了 $W_r(0)=1$ 和 $A_r(0,0)=1$ 两条规定.

注意, 根据式(11.4)还可立即得出广义 Bell 数

第11章 两种反演技巧在组合分析中的应用

$w_1(n)$ 与 $w_2(n)$ 的指数型发生函数

$$\exp f(t) = \sum_{n \geq 0} w_1(n) \frac{t^n}{n!}, \exp g(t) = \sum_{n \geq 0} w_2(n) \frac{t^n}{n!}$$

(11.14)

这里的 $f(t)$ 与 $g(t)$ 为一对互逆元素,而 $\{f,g\} \Leftrightarrow \{A_1, A_2\}$.

下面我们来给出关于广义斯特林数的一个普遍的卷积公式.

定理 11.3 对于广义斯特林数 $A_1(\cdot,\cdot), A_2(\cdot,\cdot)$ 而言恒成立如下形式的卷积公式(其中 $r=1,2$)

$$\begin{bmatrix} k_1+k_2 \\ k_1 \end{bmatrix} A_r(n, k_1+k_2) = \sum_{j=0}^{n} \binom{n}{j} A_r(j, k_1) A_r(n-j, k_2)$$

(11.15)

这里的 k_1, k_2 和 n 均为非负整数而 $n \geq k_1 + k_2$.

证明 对固定的 $k_1 \geq 0, k_2 \geq 0$,从式(11.4)出发考虑下列发生函数及其变形

$$\begin{bmatrix} k_1+k_2 \\ k_1 \end{bmatrix} \sum_{n \geq 0} \frac{t^n}{n!} A_1(n, k_1+k_2)$$

$$= \begin{bmatrix} k_1+k_2 \\ k_1 \end{bmatrix} \frac{1}{(k_1+k_2)!} (f(t))^{k_1+k_2}$$

$$= \frac{1}{k_1! \, k_2!} (f(t))^{k_1+k_2}$$

$$= \left(\sum_{m \geq 0} \frac{t^m}{m!} A_1(m, k_1) \right) \left(\sum_{j \geq 0} \frac{t^j}{j!} A_1(j, k_2) \right)$$

$$= \sum_{j \geq 0} \sum_{m \geq 0} \frac{t^{j+m}}{j! \, m!} A_1(m, k_1) A_1(j, k_2)$$

$$= \sum_{n \geq 0} \frac{t_n}{n!} \sum_{j=0}^{n} \binom{n}{j} A_1(n-j, k_1) A_1(j, k_2)$$

于是比较左右两端 t^n 的系数即得

$$\begin{bmatrix} k_1+k_2 \\ k_1 \end{bmatrix} A_1(n,k_1+k_2) = \sum_{j=0}^{n} \binom{n}{j} A_1(n-j,k_1) A_1(j,k_2)$$

当然,对 $A_2(\cdot\cdot)$ 也有同样结论.

例 11.2 将公式(11.15)应用于一些特殊数列可得(其中 $r=1,2$)

$$\begin{bmatrix} k_1+k_2 \\ k_1 \end{bmatrix} S_r(n,k_1+k_2) = \sum_{j=0}^{n} \binom{n}{j} S_r(n-j,k_1) S_r(j,k_2)$$

(11.16)

$$\begin{bmatrix} k_1+k_2 \\ k_1 \end{bmatrix} T_r(n,k_1+k_2) = \sum_{j=0}^{n} \binom{n}{j} T_r(n-j,k_1) T_r(j,k_2)$$

(11.17)

$$\begin{bmatrix} k_1+k_2 \\ k_1 \end{bmatrix} \mathscr{G}(n,k_1+k_2) = \sum_{j=0}^{n} \binom{n}{j} \mathscr{G}(n-j,k_1)_r(j,k_2)$$

(11.18)

注意,如在式(11.15)中令 $k_1+k_2=k, k_2=1$,则也可获得一个垂直型递推式,但其应用价值却不能与式(11.11)相比. 例如,关于广义 Bell 数的递推关系就不可能从它推出来.

注 人们关于两种斯特林数 $S_r(n,k)$(于 n,k 无限增长时)的渐近性态已有许多研究. 现在我们已经有了一类广义斯特林数偶 $A_r(n,k)(r=1,2)$ 的概念. 那么如何利用它们某些基本的解析性质去分析其一般渐近性态的问题自然是很值得研究的. 这也是徐利治教授乐于提出的一个未解决的问题.

第11章 两种反演技巧在组合分析中的应用

§4 反演技巧之二：组合等式的嵌入法

嵌入法需要一个模式，这里我们要应用如下的反演定理作为模式的基础：设 $\{a_i\}$ 与 $\{b_i\}$ 是两个任意选定的数列（实数或复数均可）使得如下的多项式序列

$$\psi(x,n) = \prod_{i=1}^{n}(a_i + b_i x) \quad (n=1,2,3,\cdots)$$

对于非负整数值 x 恒不为 0，且规定 $\psi(x,0)=1$ 于是我们有如下一对反演公式[27]

$$f_n = \sum_{k=0}^{n}(-1)^k \binom{n}{k}\psi(k,n) \cdot g_k \quad (11.19)$$

$$g_n = \sum_{k=0}^{n}(-1)^k \binom{n}{k}\psi(n,k+1)^{-1}(a_{k+1} + kb_{k+1}) \cdot f_k$$

$$(11.20)$$

上述公式中的 g_k 与 f_k 都只与序号 k 有关而与 n 无关. 式(11.19)与(11.20)表现为 $\{g_k\}$ 与 $\{f_k\}$ 两个序列间的线性变换及其反变换关系. 既是反演公式，也就说明了式(11.19)与(11.20)实为等价关系. 在这种等价关系中的 $\{g_k\}$ 和 $\{f_k\}$ 自然不限于普通数列，它们可以是函数序列，向量序列乃至一般抽象域中的元列. 同时，在 $\psi(x,n)$ 定义中出现的 $a_i, b_i(i=1,2,\cdots)$ 等也可以是抽象代数域中的元素. 在具体应用时由于序列 $\{a_i\},\{b_i\}$ 的选取具有无限大的自由度，且由于因式 $\binom{n}{k}$ 出现的机会甚多，故式(11.19)能成为应用较广的

Sperner 引理

一般模式也就不足为怪了.

当然,反演关系式(11.20)的结构形式也具有同样大的自由度,其中$\psi(n,k+1)^{-1}$是n的$k+1$次多项式的倒数,故$\binom{n}{k}\psi(n,k+1)^{-1}$是$n$的有理分式.既然关系式(11.19)与(11.20)是彼此等价的,故只要能验证或发现型如式(11.19)和(11.20)两者之一的恒等式,也就立即能推出另一个恒等式.如果一个型如式(11.19)(或式(11.20))的组合关系式很难证明,那么就可转而验证它的反演式(11.20)(或(11.19)).这样做常常能够化难为易很快达到目的.

注意,在具体问题里g_k,f_k等可能含有一些另外的参数或变量,如$g_k \equiv g_k(x,y,z)$,$f_k \equiv f_k(x,y,z)$等.又式(11.19)(11.20)中的二项系数$\binom{n}{k}$可能换成它的平移形式$\binom{n+p}{k+p}(p \geqslant 0)$,这时反演关系(11.19)⇔(11.20)自然照样成立.所谓"嵌入法"就是把一个具体求和式中的加项,通过变形并分解,使其中仅与求和序号k有关的部分作为g_k(或f_k),又再使其余部分表现为$\binom{n}{k}$与$\psi(k,n)$或与$\psi(n,k+1)^{-1}$等的乘积形式.这样就把原来的求和问题嵌入到型如式(11.19)或(11.20)的模式中.最后只需选择其中较易验证的一个等式加以证明即可.往下我们就要用嵌入法技巧来给出一些著名组合恒等式的新证明.

优美的阿贝尔恒等式可表述为

第11章 两种反演技巧在组合分析中的应用

$$(x+y)^n = \sum_{k=0}^{n} \binom{n}{k} x(x-kz)^{k-1}(y+kz)^{n-k}$$

(11.21)

式中 $x \neq 0$,这是关于 x,y,z 三个变元的恒等式. 在 Comtet 的与 Knuth 的著作中被分别称之为二项式定理的深刻推广与惊人的推广[26][30]. 今采用嵌入法可以得到一个较简易的证明.

显然可将式(11.21)改写成

$$f_n := (x+y)^n = \sum_{k=0}^{n} \binom{n}{k}(-1)^k \psi(k,n) g_k$$

$$g_k := (-1)^k x(x-kz)^{k-1}(y+kz)^{-k}$$

$$\psi(k,n) := (y+kz)^n, a_i = y, b_j = z$$

这样,式(11.21)便嵌入式(11.19)的模式中,故由式(11.20)立得

$$(-1)^n x \cdot \frac{(x-nz)^{n-1}}{(y+nz)^n}$$

$$= \sum_{k=0}^{n}(-1)^k \binom{n}{k} \frac{y+kz}{(y+nz)^{k+1}}(x+y)^k$$

此式等价于

$$-x(nz-x)^{n-1}$$

$$= \sum_{k \geq 0}(-1)^k \binom{n}{k}(y+kz)(y+nz)^{n-k-1}(x+y)^k$$

注意右式中的因子

$$\binom{n}{k}(y+kz) = y\binom{n}{k} + nz\binom{n-1}{k-1}$$

以此代入原式的右边便可通过二项式定理直接计算,其结果正好是 $-x(nz-x)^{n-1}$. 由此可知式(11.21)成立.

Sperner 引理

德国古典的组合分析家 Heinrich August Rothe 曾在他的博士学位论文中证明了下述的卷积型公式（参阅 Gould "*Combinatorial Identities*" 书中式(3.142)）

$$\sum_{k=0}^{n} \frac{x}{x+kz} \binom{x+kz}{k} \frac{y}{y+(n-k)z} \binom{y+(n-k)z}{n-k}$$
$$= \frac{x+y}{x+y+nz} \binom{x+y+nz}{n}$$

这是 Vandermonde 公式的非平凡拓广,它已有多种证明,但大多较为复杂. 这里我们要用嵌入法技巧来证明它,虽不免要做些代数计算. 但方法本质是简易的,思路是极其自然的.

由于 x,y,z 均为自由变量,对任意固定 n,不妨将 y 改写成 $y-nz$（实质为变元代换）,这样,Rothe 公式便变形为

$$\sum_{k=0}^{n} \frac{x}{x+kz} \binom{x+kz}{k} \frac{y-nz}{y-kz} \binom{y-kz}{n-k}$$
$$= \frac{x+y-nz}{x+y} \binom{x+y}{n} \qquad (11.22)$$

往下我们要设法将式(11.22)嵌入式(11.19). 简记

$$(a)_k = a(a-1)\cdots(a-k+1)$$
$$\langle a \rangle_k = a(a+1)\cdots(a+k-1)$$

则式(11.22)可改写成

$$\sum_{k=0}^{n} \binom{n}{k} \frac{(x+kz)_k}{x+kz} \cdot \frac{(y-kz)_{n-k}}{y-kz}$$
$$= \frac{x+y-nz}{x(y-nz)(x+y)} (x+y)_n$$

显然还可改写成

150

第 11 章 两种反演技巧在组合分析中的应用

$$\sum_{k=0}^{n}\binom{n}{k}(-1)^k\psi(k,n)\cdot g_k$$
$$=\frac{x+y-nz}{x(y-nz)(x+y)}(x+y)_n\equiv f_n$$
$$(11.23)$$

其中

$$\psi(k,n)=\langle y-kz\rangle_{k+1}-\frac{1}{y-kz}(y-kz)_{n-k}$$
$$=(y-kz+k)_n$$
$$=[y+(1-z)k][y-1+(1-z)k]\cdots$$
$$[y-n+1+(1-z)k]$$
$$(a_i=y-i+1,b_i=1-z)$$
$$g_k=(-1)^k\frac{1}{x+kz}(x+kz)_k/\langle y-kz\rangle_{k+1}$$

根据式(11.20)对(11.23)进行反演,并用$\langle y-nz\rangle_{n+1}$乘两边,则可得

$$\sum_{k=0}^{n}\binom{n}{k}(-1)^k\frac{x+y-kz}{x\cdot(x+y)}(x+y)_k\cdot$$
$$(y-nz+n-k-1)_{n-k}$$
$$=\frac{(-1)^n}{x+nz}(x+nz)_n$$

也即

$$\sum_{k=0}^{n}\frac{x+y-kz}{x(x+y)}\binom{x+y}{k}\binom{-y+nz}{n-k}=\frac{1}{x+nz}\binom{x+nz}{n}$$
$$(11.24)$$

最后只须注意

$$\frac{x+y-kz}{x(x+y)}\binom{x+y}{k}=\frac{1}{x}\binom{x+y}{k}-\frac{z}{x}\binom{x+y-1}{k-1}$$

便知道式(11.24)可利用 Vandermonde 卷积公式而

151

得证.这就表明式(11.23)也即式(11.22)的反演式是成立的,因此式(11.22)成立,故 Rothe 公式已获证.

前面提到的 Gould 的书中还有些知名的恒等式,如琴生公式和 Hagen-Rothe 卷积恒等式(参见该书式(3.145)(3.146))等,也都可以利用嵌入法反演技巧去验证.读者如想发现一些新的代数公式或组合恒等式,那么主要的关键应该是去适当选取多项式序列 $\phi(,n)(n=0,1,2,\cdots)$ 和 f_k 或 g_k,它们可以依赖于一些变元 x,y,z,等等,例如系数序列 $\{a_i\}$ 与 $\{b_i\}$ 中的各元素以及 f_k 与 g_k 都可以是 x,y 等变元的函数,所谓"适当选取"就是要使得式(11.20)或(11.19)中的求和式至少有一个能获得封闭形式,这样一来也就可以通过反演去找到一个难度较大的新公式.例如,如果我们遵循前面叙述的嵌入法证明的逆过程,则就可以重新去发现阿贝尔的恒等式和 Rothe 公式.徐利治教授与 Gould 往年曾经分析研究过普遍反演关系 (11.19)⇔(11.20) 的一系列较有趣的特例.但这一对反演关系用来发掘新公式的潜力看来远未穷尽,对此感兴趣的读者不妨继续研究.

限制子集基数的斯潘纳尔系[①]

附录 1

§1 引言和主要结果

$S=\{1,2,\cdots,m\}$ 为 m 元集,$\mathscr{P}(S)$ 为 S 的子集全体. 若 $\mathscr{F} \subseteq \mathscr{P}(S)$,记
$$\mathscr{F}_i = \{X \mid X \in \mathscr{F}, \mid X \mid = i\}$$

设 $\mathscr{F} \subseteq \mathscr{P}(S)$ 为斯潘纳尔系,即任意的 $X_i, X_j \in \mathscr{F}, X_i \subsetneq X_j$,若 $\mid \mathscr{F}_i \mid = p_i$,称 $\{p_0, p_1, \cdots, p_m\}$ 为 $\mathscr{F}$ 的斯潘纳尔参数. 1928 年,斯潘纳尔证明了
$$\mid \mathscr{F} \mid \leqslant \binom{m}{\left[\frac{m}{2}\right]}$$
其中,$[x]$ 为不超过 x 的最大整数;$\binom{m}{\left[\frac{m}{2}\right]}$ 被称作斯潘纳尔界限.

---

① 原载《数学杂志》1985,5(2),查晓亚,韩绍岑.

自 20 世纪 60 年代以后，对斯潘纳尔系进行了大量的改进和推广工作. 例如, Kleitman, Katona 等在不改变斯潘纳尔界限的情况下, 减弱对子集系 $\mathscr{F}$ 的要求, 使其最大容量不超过这一界限: 对于任意 $k(\geqslant 3)$ 个子集相交非空的斯潘纳尔系 $\mathscr{H}$, Gronau 对子集的基数作了限制. 设 $x \in \mathscr{H}$, 则 $c \leqslant |x| \leqslant d$, 给出了这一要求下 $\mathscr{H}$ 的容量界限.

可以看出, 当斯潘纳尔系中的元素均为 S 的 $\left[\dfrac{m}{2}\right]$-子集全体($m$ 为奇数时亦可为 S 的 $\dfrac{m+1}{2}$-子集全体) 时斯潘纳尔界限可以达到, 而在其他情形, 斯潘纳尔界限是达不到的. 文[33]对子集的基数给予限制. 设 $\mathscr{F}$ 为斯潘纳尔系, 若 $\min\{|X| | X \in \mathscr{F}\} = u_1$, $\max\{|X| | X \in \mathscr{F}\} = u_2$, 记 $\mathscr{F} = \mathscr{F}_{u_1, u_2}(m)$, $\mathscr{S}_{u_1, u_2}(m) = \{\mathscr{F}_{u_1, u_2}(m)\}$, $f(m; u_1, u_2) = \max\{|\mathscr{F}_{u_1, u_2}(m)|\}$, 当 $m \neq 2s+1, 2 \leqslant u_1 \leqslant s < u_2 \leqslant 2s+1$ 时, 文[34]求得了 $f(m; u_1, u_2)$, 这里继续这一工作, 得到了如下的定理.

定理 1 设 $m = 2s+1, 2 \leqslant u_1 \leqslant s < u_2 \leqslant 2s-1$, 则

$$f(2s+1; u_1, u_2) = \begin{cases} \binom{2s+1}{s+1} - \binom{u_2}{s+1} - \binom{2s+1-u_1}{s} + 2 \\ \quad u_1 \geqslant 2s+1-u_2 \\ \binom{2s+1}{s+1} - \binom{u_2}{s} - \binom{2s+1-u_1}{s+1} + 2 \\ \quad u_1 \geqslant 2s+1-u_2 \end{cases}$$

注 1 在斯潘纳尔的原始证明(见文[35])和以后的文献中, 都指明若要 $|\mathscr{F}| = \binom{2s+1}{s}$, 仅当 $\mathscr{F}$ 为 S 的

附录1 限制子集基数的斯潘纳尔系

全体 s-子集或 $(s+1)$-子集时才有可能,但对此都未给予严格的证明.而实际上,这一事实未必是显然的.在定理1中指出了这一点,若 $\mathscr{F}$ 中既有 s-子集又有 $(s+1)$-子集,则其容量的最大上界是 $\binom{2s+1}{s} - s$,而不是 $\binom{2s+1}{s}$.

注2 设 $\mathscr{F} \in \mathscr{S}_{u_1,u_2}(2s+1), A, B \in \mathscr{F}, |A|=u_1, |B|=u_2, 2 \leqslant u_1 \leqslant s < u_2 \leqslant 2s-1$,在定理1的证明过程中可以看出,当 $u_1 > 2s+1-u_2$ 时,仅当 $\mathscr{F}$ 为 S 的全体 $(s+1)$-子集除去包含 A 和含于 B 的 $(s+1)$-子集时,再添上 A, B,才有 $|\mathscr{F}|=f(2s+1;u_1,u_2)$,当 $u_1 < 2s+1-u_2$ 时,类似地取 s-子集才有 $|\mathscr{F}|=f(2s+1;u_1,u_2)$,而 $u_1=2s+1-u_2$ 时,$\mathscr{F}$ 为上述两种情形均可.在其他的情形都有 $|\mathscr{F}| < f(2s+1;u_1,u_2)$.

推论 $f(2s+1;u_1,u_2)$ 关于 $u_1(u_2)$ 是严格单调增(减)的.

设 P 为具有秩函数 r 的偏序集,即 $r(x)$ 取非负整数值,对 P 中的极小元 $x, r(x)=0$,当 $x_1 < x_2$($<$ 表示覆盖)时,$r(x_2)=r(x_2)+1$.以 P_k 记所有秩为 k 的元,$W_k=|P_k|$,称 W_k 为 P 的第 k 个 Whitney 数.设 $\mathscr{F}$ 为 P 中的反链,若 $\max |\mathscr{F}| = \max_k W_k$,称 P 具有斯潘纳尔性质,又若 $W_0 \leqslant W_1 \leqslant \cdots \leqslant W_k \leqslant \cdots \leqslant W_m$,秩序列 $\{W_i \mid i=0,1,2,\cdots,m\}$ 具有单峰性.

显然,$\mathscr{P}(S)$ 或 $\mathscr{P}(S)$ 的子系在集合包含关系下为偏序集,记 $\mathscr{R}$ 为 $\mathscr{P}(S)$ 或 $\mathscr{P}(S)$ 的子系,X 为 $\mathscr{R}$ 中元,$\lambda = \min\{|X|\}$,则 $r(x) = |x| - \lambda$ 显然是 $\mathscr{R}$ 的秩函

数. $\mathscr{R}$ 中的斯潘纳尔系即为 $\mathscr{R}$ 中的反链.

由定理 1 和文 [34] 中定理 3 证明实际上可以得到更强一点的结论. 为此, 我们有:

定理 2 设 $S=\{1,2,\cdots,m\}, A,B \subseteq S, |A|=u_1, |B|=u_2, A \not\subseteq B \not\subseteq A, L(A)=\{x \mid x \subsetneqq S, A \subsetneqq x\}, M(B)=\{Y \mid Y \subsetneqq S, Y \subsetneqq B\}$, 则

$$\mathscr{P}(S) \setminus (L(A) \cup M(B))$$

具有斯潘纳尔性质, 其 Whitney 数为

$$\left\{ \binom{m}{k} - \binom{u_2}{k} - \binom{m-u_1}{k-u_1} \mid k=0,1,\cdots,m \right\}$$

具有单峰性.

定理 1 的证明放在第 3 节. 在第 2 节中, 我们先列出一些准备知识.

§2 一些准备知识

在 S 的子集中定义序关系 "$<_s$", 对任意的 $A, B \subsetneqq S, A<_s B$, 当且仅当 $\max\{x \mid x \in A \triangle B\} \in B$, 这里, $A \triangle B$ 为 A 和 B 的对称差, 称这一关系为字典序. S 的全体 i-子集在字典序下为全序集. Daykin, Godfrey, Hilton 证明了对任意给定参数 $\{p_0, p_1, \cdots, p_m\}$ 的斯潘纳尔系, 存在一个新的斯潘纳尔系 $\varphi \mathscr{F}$, 具有相同的斯潘纳尔参数. $\varphi \mathscr{F}$ 可以按照下面的方法得到: 依照序关系 "$<_s$", 令 i 从 m 到 0, 在 S 的 i-子集中依次选取 p_i 个 i-子集, 并满足不相包含的性质, 称 $\varphi \mathscr{F}$ 为 $\mathscr{F}$ 的规范系.

同样地, 定义序关系 "$<_L$", $A <_L B$, 当且仅当

$\max\{x \mid x \in A \triangle B\} \in A$. 称"$<_L$"为反字典序,对任意的参数为 $\{p_0, p_1, \cdots, p_m\}$ 的斯潘纳尔系,存在具有相同参数的斯潘纳尔系 $\mathscr{LF}$,实际上,$\mathscr{LF}$ 可由 $\varphi\mathscr{F}$ 经如下构造而得:首先,将 $\mathscr{F}$ 中的集合取余,得 $\overline{\mathscr{F}}$,$\overline{\mathscr{F}}$ 的参数为 $\{q_0, q_1, \cdots, q_m\}$,$q_j = p_{m-i}$,构造 $\varphi\overline{\mathscr{F}}$,最后将 $\varphi\overline{\mathscr{F}}$ 中的元取余便可得 $\mathscr{LF}$,称 $\mathscr{LF}$ 为 $\mathscr{F}$ 的反称规范系.

设 A, B 为两集合,当 A 中的点 x 与 B 中的点 y 关联时,用一条边将 x 与 y 联结,这样,得一双图.如果对 A 中的每一点 x,存在 B 中的点 y 与 x 联结,且当 x 不同时 y 亦不同,称这样一种对应为一个 A 到 B 的完全匹配,有如下的 Hall 定理:

在双图 (A, B) 中,存在 A 到 B 的完全匹配的充要条件是,对任意的 $A' \subsetneq A$,$|A'| \leqslant |R(A')|$,其中 $R(A')$ 是 B 中与 A' 的点联结的点集.

§3 定理 1 的证明

设 $m = 2s + 1, i \geqslant l$,令
$$H_l(i) = \{X \mid X = l, X \subseteq \{1, 2, \cdots, i\}\}$$
$$Q_l(l) = H_l(l), Q_l(i) = H_l(i) \setminus H_l(i-1), i > l \quad ①$$
则 $\quad Q_l(i) \bigcap Q_l(j) = \varnothing, i \neq j$
$$(\mathscr{P}(S))_l = \bigcup_{i=l}^{m} Q_l(i) \quad ②$$
$$|H_l(i)| = \binom{i}{l}, \ |Q_l(i)| = \binom{i-1}{l-1}$$

其中 $(\mathscr{P}(S))_l$ 表示 S 的全体 l-子集.

显然,当 $X \in Q_l(i), Y \in Q_l(j)$ 时,$X <_s Y$ 当且仅当 $i < j$.

Sperner 引理

若把 $Q_l(i)$ 中的元再按 "$<_s$" 排列,则式 ② 是 $(\mathscr{H}(S))_l$ 在 "$<_s$" 下的一个分解.

引理 1 当 $s+1 \leqslant i \leqslant 2s$ 时,存在 $Q_{s+1}(i)$ 到 $Q_s(i)$ 的完全匹配.

证明 设 $i \leqslant 2s$,由 $Q_l(i)$ 的定义可知

$Q_{s+1}(i)$
$= \{X \cup \{i\} \mid X \subseteq [1,2,\cdots,i-1], \mid X \mid = S\}$
$Q_s(i)$
$= \{Y \cup \{i\} \mid Y \subseteq [1,2,\cdots,i-1], \mid Y \mid = s-1\}$

要证明存在 $Q_{s+1}(i)$ 到 $Q_s(i)$ 的完全匹配,只要证明从 $[1,2,\cdots,i-1]$ 的 $S-$子集全体到 $(s-1)$ 子集全体存在完全匹配即可. 以 F_s 和 F_{s-1} 分别表示 $[1,2,\cdots,i-1]$ 的 S 子集和 $(s-1)$ 子集全体,设 $X \in F_s$, $Y \in F_{s-1}$, X 与 Y 联结当且仅当 $X \subsetneqq Y$,便可得双图 (F_s, F_{s-1}). F_s 中的任意一个元与 F_{s-1} 中的 s 个元联结,而 F_{s-1} 中的任意一个元与 F_s 中的 $i-s$ 个元联结. 设 $D \subseteq F_s$, $R(D)$ 是 F_s 中与 D 联结的点,分别从双图的两边计算 D 与 $R(D)$ 联结的边数,有

$$S \mid D \mid \leqslant (i-s) \mid R(D) \mid$$

当 $i \leqslant 2s$ 时,$s \geqslant i-s$,从而

$$\mid D \mid \leqslant \mid R(D) \mid$$

由 Hall 定理,可知引理 1 成立.

下面,我们进一步对 $Q_{s+1}(2s+1)$ 和 $Q_s(2s+1)$ 的序结构进行分析,从而证明存在 $Q_s(2s+1)$ 到 $Q_{s+1}(2s+1)$ 的完全匹配. 因为

$Q_{s+1}(2s+1)$
$= \{X \cup \{2s+1\} \mid X \subseteq [1,2,\cdots,2s], \mid X \mid = S\}$
$Q_s(2s+1)$

附录1 限制子集基数的斯潘纳尔系

$$= \{Y \cup \{2s+1\} \mid Y \subseteq [1,2,\cdots,2s], \mid Y \mid = s-1\}$$

令

$$\bar{Q}_{s+1}(2s+1) = \{\bar{X} \mid X \in Q_{s+1}(2s+1)\}$$
$$\bar{Q}_s(2s+1) = \{\bar{Y} \mid Y \in Q_s(2s+1)\}$$

则

$$\bar{Q}_{s+1}(2s+1) = \bigcup_{i=s}^{2s} Q_s(i) \qquad ③$$

$$\bar{Q}_s(2s+1) = \bigcup_{i=s+1}^{2s} Q_{s+1}(i) \qquad ④$$

并且当 $X_1 <_s X_2$ 时,$\bar{X}_1 <_L \bar{X}_2$.

对式 ③,④ 右边的 $Q_s(i)$ 和 $Q_{s+1}(i)$,令 $\bar{Q}_s(i) = P_{s+1}(i), \bar{Q}_{s+1}(i) = P_s(i)$,则可把式 ③,④ 改写为

$$Q_{s+1}(2s+1) = \bigcup_{i=s}^{2s} P_{s+1}(i)$$

$$Q_s(2s+1) = \bigcup_{i=s+1}^{2s} P_s(i) \qquad ⑤$$

这里,$\mid P_{s+1}(i) \mid = \binom{i-1}{s-1}, \mid P_s(i) \mid = \binom{i-1}{s}$.

式 ⑤ 中的分解是 ② 中分解的进一步细化.

显然,当 $X_1 \in P_\lambda(i), X_2 \in P_\lambda(j) (\lambda = s, s+1)$ 时,$X_1 <_s X_2$,当且仅当 $i > j$.

由引理 1,$Q_{s+1}(i)$ 到 $Q_s(i)$ 存在完全匹配,因而 $\bar{Q}_{s+1}(i)$ 到 $\bar{Q}_s(i)$ 存在完全匹配,因此可得:

引理2 存在 $P_s(i)$ 到 $P_{s+1}(i)$ 的完全匹配,$i = s+1, \cdots, 2s$.

定义1 设 $\mathscr{F}$ 是参数为 $\{p_0, p_1, \cdots, p_m\}$ 的斯潘纳尔系,$\mathscr{F}'_i \subseteq \mathscr{F}_i$,若 $\mathscr{F}_m \cup \mathscr{F}_{m-1} \cup \cdots \cup \mathscr{F}_{i+1} \cup \mathscr{F}'_i$ 为规范系,$(\mathscr{F}_i \backslash \mathscr{F}'_i) \cup \mathscr{F}_{i-1} \cup \cdots \cup \mathscr{F}_0$ 为反称规范系,则称 $\mathscr{F}$ 为拟规范系.

明显地,有如下的结论:

159

Sperner 引理

引理 3 对于任意的参数为 $\{p_0, p_1, \cdots, p_m\}$ 的斯潘纳尔系，存在相同参数的拟规范系.

设 $A, B \subseteq S$，且
$$|A| = u_1, \quad |B| = u_2$$
$$L(A) = \{X \mid X \subsetneqq S, A \subsetneqq X\}$$
$$M(B) = \{Y \mid Y \subseteq S, Y \subsetneqq B\}$$
$$G_{s+1} = (\mathscr{P}(S))_{s+1} \setminus ((L(A))_{s+2} \cup (M(B))_{s+1})$$
$$G_s = (\mathscr{P}(S))_s \setminus ((L(A))_s \cup (M(B))_s)$$

则
$$|G_{s+1}| = \binom{2s+1}{s+1} - \binom{u_2}{s+1} - \binom{2s+1-u_1}{s}$$

$$|G_s| = \binom{2s+1}{s} - \binom{u_2}{s} - \binom{2s+1-u_1}{s+1}$$

引理 4 ([33],定理 5)

$u_1 \geqslant 2s+1-u_2$ 时，$|G_{s+1}| \geqslant |G_s|$

$u_1 < 2s+1-u_2$ 时，$|G_{s+1}| < |G_s|$

在文[33]定理 3 中，我们证得了如下的事实：对任意 $\mathscr{P} \in \mathscr{S}_{u_1, u_2}(2s+1)$，存在与之对应的
$$\mathscr{F}' \in \mathscr{S}_{u_1, u_2}(2s+1)$$
$$\mathscr{F}' \subsetneqq \{A\} \cup \{B\} \cup G_{s+1} \cup G_s, \quad |\mathscr{F}'| > |\mathscr{F}|$$
其中，$A, B \in \mathscr{F}, |A| = u_1, |B| = u_2$.

在此基础上，我们来证明定理 1.

对任意
$$\mathscr{F} \subseteq \{A\} \cup \{B\} \cup G_{s+1} \cup G_s$$

将 $\mathscr{F}$ 拟规范化，可得具有相同参数的拟规范系 $\mathscr{F}^*$，使得 $(\mathscr{F}^*)_{u_2} \cup (\mathscr{F}^*)_{s+1}$ 为规范系，$(\mathscr{F}^*)_s \cup (\mathscr{F}^*)_{u_1}$ 为反称规范系，便有
$$(\mathscr{F}^*)_{u_2} = \{\{1, 2, \cdots, u_2\}\} =: \{B_1\}$$

附录1 限制子集基数的斯潘纳尔系

$$(\mathscr{F}^*)_{u_1} = \{\{2s+2-u_1, \cdots, 2s+1\}\} =: \{A_1\}$$

$$(M(B_1))_{s+1} = \bigcup_{i=s+1}^{u_2} Q_{s+1}(i)$$

$$(M(B_1))_{s+1} = \bigcup_{i=s}^{u_2} Q_s(i)$$

$$(L(A_1))_{s+1} = \bigcup_{i=s}^{2s+1-u_1} P_{s+1}(i)$$

$$(L(A_1))_s = \bigcup_{i=s}^{2s+1-u_1} P_s(i)$$

若 $(\mathscr{F}^*)_{s+1}$ 和 $(\mathscr{F}^*)_s$ 非空,显然,其中的元分别始于 $Q_{s+1}(u_2+1)$ 和 $P_s(2s+2-u_1)$.

设

$$u_1 \geqslant 2s+1-u_2, u_2 \neq 2s, u \neq 1$$

($u_2 = 2s$ 或 $u_1 = 1$ 的情形在文[33]中已证) $(\mathscr{F}^*)_{s+1}$ 和 $(\mathscr{F}^*)_s$ 中的最后一个元分别是 X^* 和 Y^*.

(1) 若 $X^* \in Q_{s+1}(t), t \subsetneqq 2s$,由拟规范系的构造可知,$Y^* \in \overline{Q_s(i)}, i \leqslant t-1$,由引理1,考虑由 $Q_{s+1}(i)$ 到 $Q_s(i)(u_2 < i \leqslant t)$ 的完全匹配决定的映射,记 $(\mathscr{F}^*)_{s+1}$ 中元的对应集合为 $R((\mathscr{F}^*)_{s+1})$,令

$$\mathscr{F}^{**} = \{B_1\} \bigcup (R((\mathscr{F}^*)_{s+1}) \bigcup \mathscr{F}^*)_s \bigcup \{A_1\}$$

则

$$\mathscr{F}^{**} \in \mathscr{S}_{u_1, u_2}(2s+1), |\mathscr{F}^{**}| \geqslant |\mathscr{F}^*|$$

$$\mathscr{F}^{**} \subseteq \{B_1\} \bigcup G_s \bigcup \{A_1\}$$

而

$$|\{B_1\} \bigcup G_s \bigcup \{A\}| = \binom{2s+1}{s} - \binom{u_2}{s} - \binom{2s+1-u_1}{s+1} + 2$$

$$\leqslant \binom{2s+1}{s+1} - \binom{u_2}{s+1} - \binom{2s+1-u_1}{s+1} + 2$$

$$= |\{B_1\} \bigcup G_{s+1} \bigcup \{A_1\}| \qquad ⑥$$

不等式的成立系由引理 4 所得.

特别地,注意到 $Q_{s+1}(2s+1)$ 中的每一个元恰好包含 $\bigcup_{i=s}^{2s} Q_s(i)$ 中的一个元,因此

$$\{A_1\} \bigcup \{B_1\} \bigcup (\bigcup_{i=u_2+1}^{2s} Q_s(i)) \bigcup$$
$$(Q_{s+1}(2s+1) \backslash (P_{s+1}(s+1) \bigcup \cdots \bigcup$$
$$P_{s+1}(2s+1-u)))$$

中的斯潘纳尔系不会是 $\mathscr{S}_{u_1,u_2}(2s+1)$ 中容量最大的斯潘纳尔系,故式 ⑥ 说明了在情形(1)时定理 1 中的第一个等式是成立的.

(2) 若 $X^* \in Q_{s+1}(2s+1)$,由引理 2,考虑由 $P_s(i)$ 到 $P_{s+1}(i)(2s+2-u_1 \leqslant i \leqslant 2s)$ 的完全匹配决定的映射,以 $R((\mathscr{F}^*)_s)$ 记 $(\mathscr{F}^*)_s$ 的对应点集.令

$$\mathscr{F}^{**} = \{B_1\} \bigcup \{A_1\} \bigcup R((\mathscr{F}^*)_s) \bigcup (\mathscr{F}^*)_{s+1}$$

则

$$\mathscr{F}^{**} \in \mathscr{S}_{u_1,u_2}(2s+1), |\mathscr{F}^{**}| \geqslant |\mathscr{F}^*|$$
$$\mathscr{F}^{**} \subseteq \{B_1\} \bigcup G_{m+1} \bigcup \{A_1\}$$

而

$$|\{B_1\} \bigcup G_{m+1} \bigcup \{A_1\}|$$
$$= \binom{2s+1}{s} - \binom{u_2}{s+1} - \binom{2s+1-u_1}{s} + 2$$

故而证明了定理 1 中的第一个等式.

当 $u_1 < 2s+1-u_2$ 时,只要考虑集系

$$\overline{\mathscr{F}} = \{\overline{X} \mid X \in \mathscr{F}\}$$

便可得第二个等式.当然,也可用上面类似的方法进行.

至此,定理 1 证毕.

Dilworth 定理和极集理论[①]

附录 2

一个偏序集(简记为 poset)就是一个集合 S 连同 S 上的一个二元关系 $\leqslant$(有时用 $\subseteq$),使其满足:

(1) 对一切 $a \in S$ 有 $a \leqslant a$(反射性);

(2) 若 $a \leqslant b, b \leqslant c$,则 $a \leqslant c$(传递性);

(3) 若 $a \leqslant b$ 且 $b \leqslant a$,则 $a = b$(反对称性).

如果对 S 中任意两个元素 a 和 b,或者 $a \leqslant b$ 或者 $b \leqslant a$,则这个偏序称为全序或线性序.如果 $a \leqslant b$ 且 $a \neq b$,那么记为 $a < b$.例如,整数集及整数间的通常的大小关系就构成一个偏序集;一个集的子集及集合的包含关系也构成一个偏序集.如果集合 S 的一个子集是

[①] 选自 J. H. Vanliut(荷兰),R. M. Wilson(美国).《组合数学教程》(第 2 版).刘振宏,刘振江译.机械工业出版社.

Sperner 引理

全序的,那么这个子集就称为是一条链.若一个集合中的元素是两两不可比较的,则这个集合称为反链.

下述定理归功于 R. Dilworth(1950),下述的证明是 H. Tverberg(1967) 给出的.

定理 1 令 P 是一个有限偏序集,P 中元素划分为不相交链的最小个数 m 等于 P 的一个反链所含元素的最大个数 M.

证明 (1) 显然有 $m \geqslant M$.

(2) 对 $|P|$ 使用归纳法.若 $|P|=0$,显然定理为真.令 C 是 P 的一条极大链.若 $P \backslash C$ 中每一个反链包含最多 $M-1$ 个元素,则定理成立.因此,假设 $\{a_1, a_2, \cdots, a_M\}$ 是 $P \backslash C$ 中的一个反链.我们定义 $S^- \triangleq \{x \in P \mid \exists_i [x \leqslant a_i]\}$,类似地定义 S^+.因为 C 是极大链,所以 C 中的最大元不在 S^- 里,故按归纳假设,对 S^- 定理成立.因此 S^- 是 M 个不交的链 $S_1^-, S_2^-, \cdots,$ S_M^- 的并,其中 $a_i \in S_i^-$.假设 $x \in S_i^-$ 且 $x > a_i$.因为存在 j,使 $x \leqslant a_j$,从而有 $a_i < a_j$,这与 $\{a_1, a_2, \cdots, a_M\}$ 是反链矛盾.这样就证明了 a_i 是 S_i^- 的极大元,其中 $i = 1, 2, \cdots, M$①.我们可同样地对 S^+ 进行讨论.与链联系起来,这个定理就得到了证明.

Mirsky(1971) 给出了 Dilworth 定理的对偶.

定理 2 令 P 是一个偏序集.如果 P 不具有 $m+1$ 个元素的链,则 P 是 m 个反链的并.

证明 对 $m=1$,定理显然成立.令 $m \geqslant 2$ 且假定对 $m-1$ 定理为真.令 P 是一个偏序集且没有 $m+1$ 个

---

① 这里原文为 m,与上下文不合. ——译者注

附录2 Dilworth 定理和极集理论

元素的链. 令 M 是 P 的极大元集合,则 M 是一个反链. 假设 $x_1 < x_2 < \cdots < x_m$ 是 $P\setminus M$ 中的一条链,那么它也是 P 的极大链,因此 $x_m \in M$,故得矛盾. 所以 $P\setminus M$ 没有 m 个元素的链. 故按归纳假设,$P\setminus M$ 是 $m-1$ 个反链的并. 定理得证.

下述的著名定理归功于斯潘纳尔(1928),它与上述定理有相似的性质,这个定理的下述证明是 Lubell(1966) 给出的.

定理 3 如果 $A_1, A_2, \cdots, A_m$ 是 $N \triangleq \{1, 2, \cdots, n\}$ 的一些子集,且满足对任意 $i \neq j$,A_i 不是 A_j 的子集,那么 $m \leqslant \binom{n}{[n/2]}$.

证明 考虑由 N 的子集构成的偏序集. $\mathscr{A} \triangleq \{A_1, A_2, \cdots, A_m\}$ 是这个偏序集的一个反链.

这个偏序集的一个极大链 $\mathscr{C}$ 由元素个数为 i 的子集组成,其中 $i=0,1,\cdots,n$,它可按下述方法得到:开始的一个是空集,然后是包含一个单一元素的子集(有 n 种选取),接下来是包含前面子集的 2— 子集(有 $n-1$ 种选取),再接下来是包含前面子集的 $3-$ 子集(有 $n-2$ 种选取),如此等等. 因此有 $n!$ 个极大链. 类似地,给定 N 的一个 k-子集 A,恰有 $k!(n-k)!$ 个极大链包含 A.

现在计算有序对 $(A, \mathscr{C})$ 的个数,其中 $A \in \mathscr{A}$,$\mathscr{C}$ 是极大链,而 $A \in \mathscr{C}$. 因为每一个极大链 $\mathscr{C}$ 最多包含一个反链中的一个成员,因此有序对的个数最多为 $n!$ 个. 若令 $A \in \mathscr{A}$ 且 $|A|=k$ 的子集的个数为 α_k,那么有序对的个数为 $\sum_{k=0}^{n} \alpha_k k!(n-k)!$. 因此

Sperner 引理

$$\sum_{k=0}^{n} \alpha_k k!(n-k)! \leqslant n!$$

或等价于

$$\sum_{k=0}^{n} \frac{\alpha_k}{\binom{n}{k}} \leqslant 1$$

因为 $k=[n/2]$ 时，$\binom{n}{k}$ 达到最大，以及 $\sum \alpha_k = m$，由此可得到定理的结论.

如果我们取 N 的所有 $[n/2]-$ 子集作为反链，则定理 3 中的等式成立.

现在我们讨论由 $n-$ 集 N 的所有子集（2^n 个）在集合包含关系下组成的偏序集 B_n. N 的 $i-$ 子集的集合用 $\mathscr{A}_i$ 表示. B_n 的一条对称链定义为顶点的一个序列 $P_k, P_{k+1}, \cdots, P_{n-k}$，使得对 $i = k, k+1, \cdots, n-k-1$ 有 $P_i \in \mathscr{A}_i$ 和 $P_i \subseteq P_{i+1}$. 现在我们叙述由 De Bruijn, Van Ebbenhorst Tengbergen 和 Kruyswijk(1949) 给出的把 B_n 分裂为(不相交)对称链的算法.

算法　从 B_1 开始，归纳地进行. 如果 B_n 已被分裂为对称链，那么对每一个这样的对称链 $P_k, \cdots, P_{n-k}$，定义 B_{n+1} 中的两个对称链，即 $P_{k+1}, \cdots, P_{n-k}$ 和 $P_k, P_k \cup \{n+1\}, P_{k+1} \cup \{n+1\}, \cdots, P_{n-k} \cup \{n+1\}$.

容易看出，这个算法确实把 B_n 分裂为对称链，进而还提供了 B_n 的 $k-$ 子集和 $(n-k)-$ 子集之间的一个自然的匹配.

问题 A　令 $a_1, a_2, \cdots, a_{n^2+1}$ 是整数 $1, 2, \cdots, n^2 + 1$ 的一个置换. 证明由 Dilworth 定理可推出，这个序列中有一个长为 $n+1$ 的单调子序列.

下述是问题 A 的一个优美的直接证明. 假设不存

附录 2 Dilworth 定理和极集理论

在 $n+1$ 项的递增子序列. 令 b_i 是自 a_i 项开始的最长递增子序列的长度. 那么按抽屉原理, 在这些 b_i — 序列里至少有 $n+1$ 个有相同的长度. 因为 $i<j$ 且 $b_i=b_j$, 则必有 $a_i>a_j$, 因此我们就得到长为 $n+1$ 的递减子序列.

定理 3 是通常称之为极集理论领域里的一个相当容易的例子, 而极集理论中的问题通常是十分困难的. 下面我们再给出一个例子作为简单练习.

问题 B 令 $A_i(1\leqslant i\leqslant k)$ 是集合 $\{1,2,\cdots,n\}$ 的 k 个不同的子集. 假设对所有的 i 和 j 有 $A_i\cap A_j\neq\varnothing$, 证明 $k\leqslant 2^{n-1}$, 并给出使等式成立的一个例子.

我们再介绍一个典型的方法, 该方法在证明斯潘纳尔定理时使用过. 证明 Erdös — Ko — Rado(爱尔特希 — 柯召 — 拉多)定理(1961).

定理 4 令 $A=\{A_1,\cdots,A_m\}$ 是集合 $\{1,2,\cdots,n\}$ 的 m 个不同 k — 子集的集合, 使得任何两个子集有非空的交, 其中 $k\leqslant n/2$. 证明 $m\leqslant \binom{n-1}{k-1}$.

证明 将 1 到 n 这 n 个整数由小到大排成一个圆圈, 令 F_i 表示集合 $\{i,i+1,\cdots,i+k-1\}$, 其中这些整数取模 n. 记 $F\triangleq\{F_1,F_2,\cdots,F_n\}$ 为圈上所有 k 个相继元素集合的总体. 由于如果某个 F_i 等于某个 A_j, 那么集合 $\{l,l+1,\cdots,l+k-1\}$ 和 $\{l-k,\cdots,l-1\}$ ($i<l<i+k$) 中最多有一个在 A 中, 所以 $|A\cap F|\leqslant k$. 对 $\{1,2,\cdots,n\}$ 应用一个置换 π, 则由 F 得到 F^π, 那么对 F^π 上述结论同样成立. 因此有

$$\Sigma\triangleq\sum_{\pi\in S_n}|A\cap F^\pi|\leqslant k\cdot n!$$

我们固定 $A_j \in A$ 和 $F_i \in F$,计算这个和,并注意到使 $F_i^\pi = A_j$ 的置换有 $k!(n-k)!$ 个.因此
$$\Sigma = m \cdot n \cdot k! \cdot (n-k)!$$
这样定理就得到了证明.

如果假定 A 中每一个集合最多含有 k 个元素,并且它们构成一条反链,那么对上述证明略加修改,就能证明在这种条件下该定理仍然成立.

定理 5 令 $A = \{A_1, \cdots, A_m\}$ 是集合 $N \triangleq \{1, 2, \cdots, n\}$ 的 m 个子集的集合,使得对 $i \neq j$ 有 $A_i \not\subseteq A_j$ 且 $A_i \cap A_j \neq \varnothing$ 以及对一切 i 有 $|A_i| \leqslant k \leqslant n/2$,则
$$m \leqslant \binom{n-1}{k-1}.$$

证明 (1) 如果所有子集都有 k 个元素,则按定理 4 结论成立.

(2) 令 $A_1, \cdots, A_s$ 是基数最小的子集,设其基数为 $l \leqslant \dfrac{n}{2} - 1$.考虑 N 的包含一个或多个 $A_i (1 \leqslant i \leqslant s)$ 的所有 $(l+1)$-子集 B_j.显然这些 B_j 均不在 A 里.每一个集合 $A_i (i \leqslant j \leqslant s)$ 恰在 $n-l$ 个 B_j 里,并且每一个 B_j 最多包含 $l+1 \leqslant n-l$ 个 A_i.因此,可以选取 s 个不同的集合,比如 $B_1, \cdots, B_s$,使得 $A_i \subseteq B_i$.如果用 B_i 替换 A_i,那么新的集合 A' 满足定理的条件,且最小基数的子集有大于 l 个元素.按归纳法,可归结为情况(1).

把定理 4 证明中的计数论证改为赋权子集的计数论证,这样,我们就能证明下述推广,它属于 B.Bollobas(1973).

定理 6 令 $A = \{A_1, \cdots, A_m\}$ 是 $\{1, 2, \cdots, n\}$ 的 m 个不同子集的集合,其中对 $i = 1, \cdots, m$,有

附录 2 Dilworth 定理和极集理论

$|A_i| \leqslant n/2$. 如果任何两个子集都有非空的交,则

$$\sum_{i=1}^{m} \frac{1}{\binom{n-1}{|A_i|-1}} \leqslant 1$$

证明 设 π 是排成一个圈的 $1,2,\cdots,n$ 的一个置换,如果 A_i 中的元素相继地出现在该圈的某一段,则称 $A_i \in \pi$. 与定理 4 的证明相同,我们可证,若 $A_i \in \pi$,则所有满足 $A_j \in \pi$ 的 j 最多有 $|A_i|$ 个.

定义

$$f(\pi,i) \triangleq \begin{cases} \dfrac{1}{|A_i|} & \text{若 } A_i \in \pi \\ 0 & \text{其他} \end{cases}$$

根据上述论证 $\sum_{\pi \in S_n} \sum_{i=1}^{m} f(\pi,i) \leqslant n!$. 改变和的次序,对于固定的 A_i,我们必须计算置换 π 排成一个圈使 $A_i \in \pi$ 的 π 的个数. 这个数(用定理 4 的相同论证)是 $n \cdot |A_i|! (n-|A_i|)!$. 因此有

$$\sum_{i=1}^{m} \frac{1}{|A_i|} \cdot n \cdot |A_i|! (n-|A_i|)! \leqslant n!$$

由此可得所需结果.

问题 C 令 $A = \{A_1,\cdots,A_m\}$ 是 $N \triangleq \{1,2,\cdots,n\}$ 的 m 个不同的子集的集合,使得若 $i \neq j$,则 $A_i \not\subseteq A_j$, $A_i \cap A_j \neq \varnothing$, $A_i \cup A_j \neq N$. 证明

$$m \leqslant \binom{n-1}{\left[\frac{n}{2}\right]-1}$$

问题 D 考虑把 B_n 按上述描述分解为对称链. 证明定理 3 是这种分解的一个直接结果. 证明定理 5 通过这种分解能归结为定理 4. 使链的最小元在 A_i 里的

Sperner 引理

链有多少个?

问题 E 给定偏序集 B_n 的一个元素 $S(\{1,2,\cdots,n\}$ 的一个子集),构造 B_n 包含 S 的对称链的算法. 用 x 表示 S 的特征向量. 例如 $n=7, S=\{3,4,7\}$, 那么 $x=(0,0,1,1,0,0,1)$. 标记所有相继的 10 对,暂时去掉这些标记的对,然后再标记所有相继的 10 对,重复这个过程,一直到剩下的数串为形式 $00\cdots01\cdots11$ 为止. 在我们的例子里,我们得到 $001\dot{1}\dot{0}\dot{0}1$,其中对 $i=3$, $4,5,6$,第 i 个坐标被标记,当去掉这些被标记的坐标后,剩余数串为 001. 这条链上的诸子集的特征向量可如下得到:固定所有被标记的坐标,然后让其余坐标组成的数串取遍 $0\cdots000, 0\cdots001, 0\cdots011, \cdots, 1\cdots111$. 在我们的例子里,这些特征向量为

$$(0,0,\dot{1},\dot{1},\dot{0},\dot{0},0)$$
$$(0,0,\dot{1},\dot{1},\dot{0},\dot{0},1)$$
$$(0,1,\dot{1},\dot{1},\dot{0},\dot{0},1)$$
$$(1,1,\dot{1},\dot{1},\dot{0},\dot{0},1)$$

它们对应的子集为

$$\{3,4\},\{3,4,7\},\{2,3,4,7\},\{1,2,3,4,7\}$$

证明这个算法生成的包含 S 的对称链,与下述德布鲁因等归纳算法所得到的对称链恰好相同.

评注 斯潘纳尔(1905—1980)是以组合拓扑学中的一个引理而出名的,通常把这个引理称之为"斯潘纳尔引理". 该引理出现在他的毕业论文里(1928),被用于证明 Brouwer 的不动点定理.(与组合学的另一个联系是他最先在哥尼斯堡大学取得教授资格!)他是

附录 2 Dilworth 定理和极集理论

著名的 Oberwolfach 研究所的创始人之一.

关于极集理论的综述,请参看 Frankl(1988).

Katona(1974) 给出了 Erdös—Ko—Rado 定理的一个简短的证明. 定理 5 归功于 Kleitman and Spenner(1973) 以及 Schönheim(1971). 定理 6 的证明是由 Greene, Katona and Kleitman(1976) 给出的.

高斯数和 q - 类似

附录 3

一个有限集的所有子集的偏序集与一个有限向量空间的所有子空间的偏序集之间有许多类似. 设 $V_n(q)$ 表示 q 个元素的域 F_q 上的一个 n 维向量空间. 我们用术语 k-子空间作为 k 维子空间的缩略形式.

下面从计数开始. 为了得到 $V_n(q)$ 的所有子空间的偏序集中的一个最大链(即规模为 $n+1$ 的链, 它包含每个可能维数的一个子空间), 我们以 0-子空间开始. 在已经选择了一个 i-子空间 $U_i(1 \leqslant i < n)$ 之后, 我们可以选择一个 $(i+1)$-子空间 U_{i+1}, 它以

$$(q^n - q^i)/(q^{i+1} - q^i)$$

种方式包含 U_i, 因为我们能取 U_i 和任意不在 U_i 中的 $(q^n - q^i)$ 个向量之一的生成 —— 但以这种方式任何 $(i+1)$-

子空间恰出现$(q^{i+1}-q^i)$次.总之,在$V_n(q)$中子空间的最大链的数目是

$$M(n,q)=\frac{(q^n-1)(q^{n-1}-1)(q^{n-2}-1)\cdots(q^2-1)(q-1)}{(q-1)^n}$$

对每个整数n,把$M(n,q)$作为q的一个多项式考虑.当变量q换成一个素数的幂时,我们得到偏序集$PG_n(q)$中最大链的数目.当q用1代替时,我们有$M(n,1)=n!$,这是在一个n—集合的子集的偏序集中最大链的数目.

高斯数$\begin{bmatrix}n\\k\end{bmatrix}_q$可以定义为$V_n(q)$的$k$—子空间的数目.为强调它们与二项式系数的类似,有些作者称高斯数为高斯系数.为强调它们与二项式系数的类似,有些作者称高斯数为高斯系数.为了寻找$\begin{bmatrix}n\\k\end{bmatrix}_q$的一个表达式,我们对$(U,C)$对的数目$N$计数,这里$U$是一个$k$-子空间且$C$是包含$U$的一个最大链.当然,每个最大链恰包含一个维数为$k$的子空间,于是$N=M(n,q)$.另外,通过把包含$U$的$V_n(q)$的所有子空间的偏序集中的一个最大链附加到$U$的所有子空间的偏序集中的一个最大链上,我们唯一地得到每个这样的最大链,U中有$M(k,q)$个最大链;包含U的$V_n(q)$中的最大链有$M(n-k,q)$个,这是因为偏序集

$$\{W\mid U\subseteq W\subseteq V\}$$

同构于维数为$n-k$的商空间V/U的子集的偏序集.因此

$$\begin{bmatrix}n\\k\end{bmatrix}_q=\frac{M(n,q)}{M(k,q)M(n-k,q)}$$

Sperner 引理

$$= \frac{(q^n-1)(q^{n-1}-1)\cdots(q^{n-k+1}-1)}{(q^k-1)(q^{k-1}-1)\cdots(q-1)}$$

为了某些意图,把 $\begin{bmatrix} n \\ k \end{bmatrix}_q$ 作为一个变量 q 的多项式考虑比作为一个素数的幂 q 的函数考虑更好. 可以由几种方式看出上面的有理函数事实上就是多项式. 例如,很容易明白,x 的有理函数对无穷多取整数的 x 是整数,则这个有理函数一定是 x 的多项式. 也许高斯多项式是比高斯数或高斯系数更好的一个术语. 例如

$$\begin{bmatrix} 6 \\ 3 \end{bmatrix}_q = q^9+q^8+2q^7+3q^6+3q^5+3q^4+3q^3+2q^2+q+1$$

在 $\begin{bmatrix} n \\ k \end{bmatrix}_q$ 中当 q 被 1 代替时,我们得到 $\binom{n}{k}$. 这解释了一种倾向的一小部分:关于有限向量空间的结果约化为当 q 由 1 代替时集合的相应结果. 当我们试图用"k—子空间"代替"k—子集"时,可能得到所谓集合上结果的 q— 类似. 有时这些替换后的陈述是正确的且其证明与对集合上结果的证明类似.

下面的定理是斯潘纳尔定理:

定理 1 如果 A 是一个反链,它在 $V_n(q)$ 的所有子空间的偏序集中,则

$$|A| \leqslant \begin{bmatrix} n \\ n/2 \end{bmatrix}_q$$

证明 设 A 是一个反链并对 (U,C) 对的数目 N 计数,这里 $U \in A$ 且 C 是包含 U 的一个最大链. 每个最大链至多包含 A 中的一个子空间,因此 $N \leqslant M(n,q)$. 另外,在 A 中每个 k—子空间正好位于 $M(k,q)M(n-k,q)$ 个最大链 C 中. 于是

$$M(n,q) \geqslant N = \sum_{k=0}^{n} c_k M(k,q) M(n-k,q)$$

附录3 高斯数和 q - 类似

这里 c_k 是属于 A 的 k 维子空间的数目. 如果我们相信对所有 k 有 $\begin{bmatrix} n \\ k \end{bmatrix}_q \leqslant \begin{bmatrix} n \\ [n/2] \end{bmatrix}_q$,则以类似于证明定理3的方式可完成本定理的证明

$$\begin{bmatrix} n \\ k \end{bmatrix}_q \leqslant \begin{bmatrix} n \\ [n/2] \end{bmatrix}_q$$

留给读者验证.

下面的定理给出作为 q 的多项式系数的 $\begin{bmatrix} n \\ k \end{bmatrix}_q$ 的组合解释,并因此证明它们都是正整数.

定理 2 设

$$\begin{bmatrix} n \\ k \end{bmatrix}_q = \sum_{l=0}^{k(n-k)} a_l q^l$$

则系数 a_l 是 l 的分拆数, l 的 Ferrers 图适合规模 $k \times (n-k)$ 的方格.

证明 我们可以用 F_q 上的 n 元组的向量空间 F_q^n 进行证明. 众所周知, F_q^n 的每个 k - 子空间作为 F_q 上一个 $k \times n$ 矩阵的行空间唯一地出现,该矩阵满足:
(1) 秩为 r, (2) 它是所谓的行约化阶梯形. 这意味着在每一行第一个非零项是 1, 首 1 上面的项是 0, 第 i 行的首 1 比第 $i-1$ 行的首 1 更靠右端, 其中 $i = 2, 3, \cdots, k$.

假设第 i 行的首 1 出现的第 c_i 列, 其中 $i = 1, 2, \cdots, k$. 则 $(n - k + 1 - c_1, n - k + 2 - c_2, \cdots, n - 1 - c_{k-1}, n - c_k)$ 是非负数的一个非增序列, 因此当末端的 0 去掉时, 对应某个数至多分成 k 部分, 每部分的规模至多为 $n - k$ 的一个划分. 反之, 这样的划分在阶梯形的一个类中给出首 1 的位置.

例如, 在 $n = 6, k = 3$ 的情形, 阶梯形有如下 20 个类

Sperner 引理

$$\begin{bmatrix} 1 & 0 & 0 & \cdot & \cdot & \cdot \\ 0 & 1 & 0 & \cdot & \cdot & \cdot \\ 0 & 0 & 1 & \cdot & \cdot & \cdot \end{bmatrix} \begin{bmatrix} 1 & 0 & \cdot & 0 & \cdot & \cdot \\ 0 & 1 & \cdot & 0 & \cdot & \cdot \\ 0 & 0 & 0 & 1 & \cdot & \cdot \end{bmatrix} \begin{bmatrix} 1 & 0 & \cdot & \cdot & 0 & \cdot \\ 0 & 1 & \cdot & \cdot & 0 & \cdot \\ 0 & 0 & 0 & 0 & 1 & \cdot \end{bmatrix}$$

$$\begin{bmatrix} 1 & 0 & \cdot & \cdot & \cdot & 0 \\ 0 & 1 & \cdot & \cdot & \cdot & 0 \\ 0 & 0 & 0 & 0 & 0 & 1 \end{bmatrix} \begin{bmatrix} 1 & \cdot & 0 & 0 & \cdot & \cdot \\ 0 & 0 & 1 & 0 & \cdot & \cdot \\ 0 & 0 & 0 & 1 & \cdot & \cdot \end{bmatrix} \begin{bmatrix} 1 & \cdot & 0 & \cdot & 0 & \cdot \\ 0 & 0 & 1 & \cdot & 0 & \cdot \\ 0 & 0 & 0 & 0 & 1 & \cdot \end{bmatrix}$$

$$\begin{bmatrix} 1 & \cdot & 0 & \cdot & \cdot & 0 \\ 0 & 0 & 1 & \cdot & \cdot & 0 \\ 0 & 0 & 0 & 0 & 0 & 1 \end{bmatrix} \begin{bmatrix} 1 & \cdot & \cdot & 0 & 0 & \cdot \\ 0 & 0 & 0 & 1 & 0 & \cdot \\ 0 & 0 & 0 & 0 & 1 & \cdot \end{bmatrix} \begin{bmatrix} 1 & \cdot & \cdot & 0 & \cdot & 0 \\ 0 & 0 & 0 & 1 & \cdot & 0 \\ 0 & 0 & 0 & 0 & 0 & 1 \end{bmatrix}$$

$$\begin{bmatrix} 1 & \cdot & \cdot & \cdot & 0 & 0 \\ 0 & 0 & 0 & 0 & 1 & 0 \\ 0 & 0 & 0 & 0 & 0 & 1 \end{bmatrix} \begin{bmatrix} 0 & 1 & 0 & \cdot & \cdot & \cdot \\ 0 & 0 & 1 & \cdot & \cdot & \cdot \\ 0 & 0 & 0 & 0 & 0 & 1 \end{bmatrix} \begin{bmatrix} 0 & 1 & \cdot & 0 & 0 & \cdot \\ 0 & 0 & 0 & 1 & 0 & \cdot \\ 0 & 0 & 0 & 0 & 1 & \cdot \end{bmatrix}$$

$$\begin{bmatrix} 0 & 1 & \cdot & 0 & \cdot & 0 \\ 0 & 0 & 0 & 1 & \cdot & 0 \\ 0 & 0 & 0 & 0 & 0 & 1 \end{bmatrix} \begin{bmatrix} 0 & 1 & \cdot & \cdot & 0 & 0 \\ 0 & 0 & 0 & 0 & 1 & 0 \\ 0 & 0 & 0 & 0 & 0 & 1 \end{bmatrix} \begin{bmatrix} 0 & 1 & 0 & \cdot & \cdot & 0 \\ 0 & 0 & 0 & 1 & \cdot & 0 \\ 0 & 0 & 0 & 0 & 0 & 1 \end{bmatrix}$$

$$\begin{bmatrix} 0 & 0 & 1 & \cdot & 0 & 0 \\ 0 & 0 & 0 & 0 & 1 & 0 \\ 0 & 0 & 0 & 0 & 0 & 1 \end{bmatrix} \begin{bmatrix} 0 & 0 & 0 & 1 & 0 & 0 \\ 0 & 0 & 0 & 0 & 1 & 0 \\ 0 & 0 & 0 & 0 & 0 & 1 \end{bmatrix}$$

在如上所示的每个矩阵中,当插入列被删去并通过一条竖直的轴反射这些圆点时,圆点的位置描述了一个($\leqslant 9$ 的数的)分拆的 Ferrers 图,这个图可以包含在 3×3 的方格中. 例如,第一行最后一个矩阵表示的类包含 q^7 个阶梯形.

一般地,首 1 在第 i 行出现在 c_i 列的阶梯形的类,对某个 l,包含 q^l 个矩阵,这里 $i = 1, 2, \cdots, k$, 因为不包含 1 或不需要是 0 的位置可以任意填充 F_q 的元素. 为了精确

附录3　高斯数和 q - 类似

$$l = (n-k+1-c_1) + \cdots + (n-1-c_{k-1}) + (n-c_k)$$

因为对每个 i，在第 i 行有 $n-(k-i)-c_i$ 个位置可任意填充. 这就是，该类由 q^l 个矩阵构成，这里至多分成 k 部分、每部分的规模至多为 $n-k$ 的划分，对应的类事实上是数 l 的分拆.

于是，若 a_l 定义为 l 的分拆数，l 的 Ferrers 图可以包含在 $k \times (n-k)$ 格子中，我们有一个多项式 $\sum_{l=0}^{k(n-k)} a_l q^l$，当对任意的素数幂 q 计算时，其值与多项式 $\begin{bmatrix} n \\ k \end{bmatrix}_q$ 相等，因此这两个多项式相等.

注意，当在定理2的陈述中置 $q=1$ 时，作为一个推论可以得到一个结果：Ferrers 图可以包含在 $k \times (n-k)$ 个格子中的划分的总数是 $\binom{n}{k}$.

问题 A　直接证明这个结果.

接下来，我们对高斯数导出递推式 ①. 这提供了另一种方式来理解它们是 q 的多项式（比如说，对 n 用归纳法）. 取一个超平面 H，即 $V_n(q)$ 的一个 $(n-1)$ - 子空间. 一些 k - 子空间包含在 H 中（它们的数目是 $\begin{bmatrix} n-1 \\ k \end{bmatrix}_q$），且其余的 k - 子空间与 H 交于一个 $(k-1)$ - 子空间. H 中的这 $\begin{bmatrix} n-1 \\ k-1 \end{bmatrix}_q$ 个 $(k-1)$ - 子空间中每一个包含在 V 的

$$\begin{bmatrix} n-k+1 \\ 1 \end{bmatrix}_q = \frac{q^{n-k+1}-1}{q-1} (\text{个})$$

k - 子空间中，其中

$$\begin{bmatrix} n-k \\ 1 \end{bmatrix}_q = \frac{q^{n-k}-1}{q-1} (\text{个})$$

177

Sperner 引理

包含在 H 中;而剩下 q^{n-k} 个不包含在 H 中. 因此

$$\begin{bmatrix} n \\ k \end{bmatrix}_q = \begin{bmatrix} n-1 \\ k \end{bmatrix}_q + q^{n-k} \begin{bmatrix} n-1 \\ k-1 \end{bmatrix}_q \qquad ①$$

问题 B   确定指数 e_i(它们可能是 m,n,k,以及 i 的函数),使得下列等式成立

$$\begin{bmatrix} n+m \\ k \end{bmatrix}_q = \sum_{i=0}^{k} q^{e_i} \begin{bmatrix} n \\ i \end{bmatrix}_q \begin{bmatrix} m \\ k-i \end{bmatrix}_q$$

(解这个问题的一个途径涉及阶梯形,另一个是用式①)

问题 B 的等式是二项式系数的等式

$$\binom{n+m}{k} = \sum_{i=0}^{k} q^{e_i} \binom{n}{i} \binom{m}{k-i}$$

的一个 q - 类似.

超 图[①]

附录 4

§1 对偶超图

令 $X=\{x_1, x_2, \cdots, x_n\}$ 是一个有限集.关于 X 上的一个超图
$$H=(E_1, E_2, \cdots, E_m)$$
是 X 上一个有限子集簇,使得
$$E_i \neq \varnothing \quad (i=1,2,\cdots,m) \quad ①$$
$$\bigcup_{i=1}^{m} E_i = X \quad ②$$
一个超图 $H=(E_1, E_2, \cdots, E_m)$ 若还满足
$$E_i \subseteq E_j \Rightarrow i=j \quad ③$$
则称 H 为简单超图(或"斯潘纳尔族").

---

① 选自[法]C.贝尔热著.《超图——有限集的组合学》.卜月华,张克民译.东南大学出版社,南京,2002.

Sperner 引理

在超图 H 中，X 的元素
$$x_1, x_2, \cdots, x_n$$
称为顶点，集合
$$E_1, E_2, \cdots, E_m$$
称为边. 简单图是一个每条边均含 2 个顶点的简单超图；一个多重图(有环和重边) 是一个每条边含不超过 2 个顶点的超图. 这里我们不考虑类似于图中孤立点的顶点.

超图 H 可以用图形来表示，即由点的集合表示 X 中的元素. 当 $|E_j|=2$ 时，就用一条连续联结 E_j 中两个元素的连续曲线表示 E_j；当 $|E_j|=1$，用一个包含 E_j 中唯一元素的环表示 E_j；当 $|E_j| \geqslant 3$，用一条包含 E_j 中所有元素的简单闭曲线表示 E_j.

一个超图也可以由一个关联矩阵 $\boldsymbol{A}=(a_{ij})$ 来表示，$\boldsymbol{A}$ 中的 m 列分别对应 H 的 m 条边
$$E_1, E_2, \cdots, E_m$$
n 行分别对应 H 的 n 个顶点
$$x_1, x_2, \cdots, x_n$$
当 $x_i \notin E_j$ 时，$a_{ij}=0$；当 $x_i \in E_j$ 时，$a_{ij}=1$(图1，图2).

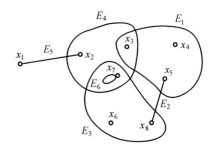

图1　超图 H 的表示

附录 4　超图

$$\mathbf{A} = \begin{array}{c} \\ x_1 \\ x_2 \\ x_3 \\ x_4 \\ x_5 \\ x_6 \\ x_7 \\ x_8 \end{array} \begin{array}{c} E_1\ E_2\ E_3\ E_4\ E_5\ E_6 \\ \begin{bmatrix} 0 & 0 & 0 & 0 & 1 & 0 \\ 0 & 0 & 0 & 1 & 1 & 0 \\ 1 & 0 & 0 & 1 & 0 & 0 \\ 1 & 0 & 0 & 0 & 0 & 0 \\ 1 & 1 & 0 & 0 & 0 & 0 \\ 0 & 0 & 1 & 0 & 0 & 0 \\ 0 & 0 & 1 & 1 & 0 & 1 \\ 0 & 1 & 1 & 0 & 0 & 0 \end{bmatrix} \end{array}$$

图 2　超图 H 关系矩阵

X 上超图 $H = (E_1, E_2, \cdots, E_m)$ 的对偶是超图 $H^* = (X_1, X_2, \cdots, X_n)$，其中的顶点对应 H 中的边，而边为

$$X_i = \{e_j \mid 在 H 中, x_i \in E_j\}$$

H^* 显然满足条件 ① 和 ②（图 3）.

易见 H^* 的关联矩阵是 H 的关联矩阵的转置，所以有 $(H^*)^* = H$.

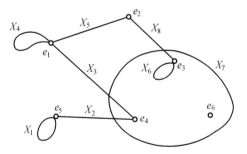

图 3　图 1 中超图的对偶超图

Sperner 引理

与图类似,超图 H 的顶点数称为 H 的阶,用 $n(H)$ 表示,边数用 $m(H)$ 表示. 此外,$r(H) = \max\limits_{j} |E_j|$ 称为秩,$s(H) = \min\limits_{j} |E_j|$ 称为下秩;如果 $r(H) = s(H)$,则称 H 是一致超图;秩为 r 的简单一致超图称为 r^- 一致超图,此时尽管不含"简单"二字,仍被认为是不含重力.

对集合 $J \subseteq \{1, 2, \cdots, m\}$,称
$$H' = (E_j \mid j \in J)$$
为 J 对 H 诱导的部分超图. H' 的顶点集是 X 的一个非空子集.

对集合 $A \subseteq X$,称
$$H_A = (E_j \cap A \mid 1 \leqslant j \leqslant m, E_j \cap A \neq \varnothing)$$
为 A 对 H 的导出子超图.

性质　H 的子超图的对偶是对偶超图 H^* 的部分超图.

秩为 2 的超图就是熟知的图. 图论中所有概念可推广到超图中,并可获得更强的结果,应用更为广泛. 此外,用超图的语言论证组合问题中的一些结果有时会显得更加简洁,甚至一个较强的结果会比一个较弱的结果更容易证明.

§2　度

图论中的其他一些定义,下面可以毫不费力地推广到超图中.

对 $x \in X$,定义以 x 为心的星 $H(x)$ 为 H 中所有含 x 的边所导出的部分超图. x 的度 $d_H(x)$ 是指

$H(x)$ 中的边数,即 $d_H(x)=m(H(x))$.

超图 H 的最大度记为
$$\Delta(H)=\max_{x\in X} d_H(x)$$
所有顶点有相同度的超图称为正则的.

注意到 $\Delta(H)=r(H^*)$,故正则超图的对偶是一致超图.

对 n 阶超图 H,令 $d_H(x_i)=d_i$,并按非 $n-$序列
$$d_1\geqslant d_2\geqslant \cdots\geqslant d_n$$
来排序所成的度序列,当 H 是简单图时,上述度序列能被刻画.一般地,有下面的性质:

性质1 一个 $n-$序列 $d_1\geqslant d_2\geqslant \cdots\geqslant d_n$ 是一个秩为 r 的 n 阶一致超图(允许有重边)的度序列的充要条件是:

(1) $\sum_{i=1}^{n} d_i$ 是 r 的倍数;

(2) $d_i\geqslant 1 (i=1,2,\cdots,n)$;

(3)① $\sum_{i=1}^{n} d_i/r\geqslant d_1$.

证明 对于上述给定的 $n-$序列 $d_1\geqslant d_2\geqslant \cdots\geqslant d_n$,逐次在顶点集合 $\{x_1,x_2,\cdots,x_n\}$ 上构造超图 H 的边.

第一步,对每一顶点 x_i 赋予一个权 $d_i^1=d_i$.第一条边 E_1 由对应权 d_i^1 中最大的 前 r 个顶点组成.

第二步,对每个顶点 x_i 赋权为

---

① 原文中没有这一条件,但证明充分性时需这一条件.例如序列 5,3,2,1,1,就不是秩为 3 的一致超图的度序列.

$$d_i^2 = \begin{cases} d_i^1 & 若 x_i \notin E_1 \\ d_i^1 - 1 & 若 x_i \in E_1 \end{cases}$$

E_2 由对应权 d_i^2 中最大的前 r 个顶点组成. 由(3)知,这过程可一直进行. 若 $\sum_{i=1}^{m} d_i = mr$,则可得边为 E_1, $E_2, \cdots, E_m$,且满足 $d_H(x_i) = d_i (i=1, 2, \cdots, n)$ 的超图 H.

一个超图是连通的,如果它的边所产生的交图是连通的,则有下面的性质 2.

性质 2(Tusyadej)   一个 n 序列 $d_1 \geqslant d_2 \geqslant \cdots \geqslant d_n$ 是连通的 $r-$ 一致超图的度序列的充要条件是:

(1) $\sum_{i=1}^{n} d_i$ 是 r 的倍数;

(2) $d_i \geqslant 1 (i=1,2,\cdots,n)$;

(3) $\sum_{i=1}^{n} d_i \geqslant \dfrac{r(n-1)}{r-1}$;

(4) $d_1 \leqslant m = \dfrac{\sum d_i}{r}$.

(上述结果可推广到非一致超图.)

定理 1(Gale,Ryser)   给定 m 个整数 $r_1, r_2, \cdots, r_m$ 和一个 $n-$ 序列 $d_1 \geqslant d_2 \geqslant \cdots \geqslant d_n$,则存在顶点集为 $X = \{x_1, x_2, \cdots, x_n\}$ 的超图 H,使得 $d_H(x_i) = d_i (i \leqslant n)$ 和 $|E_j| = r_j (j \leqslant m)$ 的充要条件是:

(1) $\sum_{j=1}^{m} \min\{r_j, k\} \geqslant d_1 + d_2 + \cdots + d_k (k < n)$;

(2) $\sum_{j=1}^{m} r_j = d_1 + d_2 + \cdots + d_n$.

证明   由网络流理论直接推出这定理,为此,构造一个网络:其顶点为 $j = 1, 2, \cdots, m$ 和 $x_1, x_2, \cdots, x_n$,

发点为 a,收点为 z,它的弧为:

所有弧 (a,j) 赋予容量 $r_j(j=1,2,\cdots,m)$;

所有弧 (x_i,z) 赋予容量 $d_i(i=1,2,\cdots,n)$;

所有弧 (j,x_i) 赋予容量 $1(1\leqslant j\leqslant m,1\leqslant i\leqslant n)$.

于是,只需证明存在一个满足上述容量的整数流,且饱和每一条进入收点 z 的弧 (j,z) 即可,即对任意 $I\subseteq\{1,2,\cdots,n\}$,进入集合 $\{x_i\mid i\in I\}$ 的最大流的流量总是大于或等于 $\sum_{i\in I}d_i$.定理中条件(1),(2)恰保证了这一点.

未解决问题 找一个 $m-$元组 (r_j) 和 $n-$元组 (d_i) 分别表示某个简单超图 H 的 $|E_j|$ 和 $d_H(x_i)$ 的充要条件.

令 r,n 是整数,$1\leqslant r\leqslant n$,X 为 n 元集合,定义 X 上一个 n 阶 $r-$一致完全超图 K_n^r,其边集由 X 的所有 r 元子集所组成.下面陈述斯潘纳尔的定理,其中不等式(1)的简单证明由 Yamamoto,Meshalkin,Lubell 和 Bollobas 各自独立给出.

定理 2 (斯潘纳尔,证明由 Yamamoto,Meshalkin,Lubell,Bollobas 给出) 每一个 n 阶简单超图 H 满足

$$\sum_{E\in H}\binom{n}{|E|}^{-1}\leqslant 1 \qquad ④$$

此外,边数 $m(H)$ 满足

$$m(H)\leqslant\binom{n}{[n/2]} \qquad ⑤$$

当 $n=2h$ 为偶数时,⑤ 中等号成立当且仅当 H 是 K_n^h.当 $n=2h+1$ 时,⑤ 中等号成立当且仅当 H 是 K_n^h 或 K_n^{h+1}.

证明 令 X 是一个 n 元有限集. 构造有向图 G, 其顶点集为 X 的所有子集族 $\mathscr{P}(x)$, 当且仅当 $A,B \subseteq X$, 且 $|A|=|B|-1$ 时, 从 A 指向 B 有一条弧.

对于 $E \in H$, 在 G 中从顶点 $\varnothing$ 到顶点 E 的路的条数是 $|E|!$. 注意到 H 是简单超图, 当 $E', E \in H$, $E' \neq E$ 时, 过 E 的路不能再过 E'. 因此从 $\varnothing$ 到 X 的路的单数是

$$n! \geqslant \sum_{E \in H} |E|!(n-|E|)!$$

故不等式 ④ 成立.

对于式 ⑤, 由于

$$\binom{n}{|E|} \leqslant \binom{n}{[n/2]}$$

因此

$$1 \geqslant \sum_{E \in H} \binom{n}{|E|}^{-1} \geqslant m(H) \binom{n}{[n/2]}^{-1}$$

所以式 ⑤ 成立.

令 H 是使 ⑤ 中等号成立的超图, 则对所有 $E \in H$, 有

$$\binom{n}{|E|} = \binom{n}{[n/2]} \qquad \text{⑥}$$

若 $n=2h$ 是偶数, 式 ⑥ 蕴含着 H 是 h^- 一致超图, 再由于 $m(H) = \binom{n}{h}$, 故 $H = K_n^h$.

若 $n=2h+1$, 式 ⑥ 蕴含着对一切
$$E \in H, h \leqslant |E| \leqslant h+1$$
G 中顶点集 X_k 表示 H 中基数为 k 的边集, 则 $X_h \cup X_{h+1}$ 是 G 中的独立集, 且
$$m(H) = |X_h \cup X_{h+1}|$$

在图 G 中,X_h 的出弧等于 $|X_h|(n-h)$ 条,X_h 的象 ΓX_h 的入弧有 $|\Gamma X_h|(h+1)$ 条,因此有
$$|\Gamma X_h|(h+1) \geqslant |X_h|(n-h)$$
即
$$|\Gamma X_h| \geqslant \frac{2h+1-h}{h+1}|X_h| = |X_h|$$

若 X_h 非空且不等于 $\mathscr{P}_h(X) = \{A \mid A \subseteq X, |A| = h\}$,由于 h 子集和 $(h+1)$ 子集全体在 G 中所导出的二部子图的底图是连通的,故上述不等式是严格的. 因而有
$$\begin{aligned} m(H) &= |X_h| + |X_{h+1}| \\ &\leqslant |X_h| + |\mathscr{P}_{h+1}(X) - \Gamma X_h| \\ &< |X_h| + \binom{n}{h+1} - |X_h| = \binom{n}{h+1} \end{aligned}$$
所以 ⑤ 中等式成立仅当 $X_h = \varnothing$ 或 $X_h = \mathscr{P}_h(X)$,即 $H = K_n^h$ 或 $H = K_n^{h+1}$.

为了推广无悬挂点的图,考虑如下一类超图:超图 H 称为可分离的,如果对任一顶点 x,H 中所有含 x 的边的交集是 $\{x\}$,即 $\bigcap\limits_{E \in H(x)} E = \{x\}$.

推论　如果 $n-$ 正整数序列 $d_1 \geqslant d_2 \geqslant \cdots \geqslant d_n$ 是一个可分离超图 $H = (E_1, E_2, \cdots, E_n)$ 的度序列,则
$$\sum_{i=1}^{n} \binom{m}{d_i}^{-1} \leqslant 1$$

事实上,H 是可分离的当且仅当其对偶 H^* 是简单超图,于是由定理 2 有
$$\sum_{i=1}^{n} \binom{m}{|X_i|}^{-1} \leqslant 1$$

为了推广简单图,我们称超图 $H = (E_1, E_2, \cdots, E_m)$ 是线性的,如果对 $i \neq j$,$|E_i \cap E_j| \leqslant 1$.

下面直接可得:

性质 3　线性超图的对偶也是线性的.

事实上,如果 H 是线性的,则 H^* 中两条边 X_i 和 X_j 的交不含两个不同的顶点 e_1,e_2,否则,在 H 中就有 $\{x_i,x_j\} \subseteq E_1, \{x_i,x_j\} \subseteq E_2$,这与 $|E_1 \cap E_2| \leqslant 1$ 矛盾.

定理 3　H 是一个 n 阶线性超图,则

$$\sum_{E \in H} \binom{|E|}{2} \leqslant \binom{n}{2} \qquad ⑦$$

如果 H 是 r^- 一致超图,则其边数满足

$$m(H) \leqslant \frac{n(n-1)}{r(r-1)} \qquad ⑧$$

式 ⑧ 中等号成立当且仅当 H 是 Steiner 系 $S(2,r,n)$.

因为 H 是线性的,故含在同一条边中的点对数有

$$\sum_{E \in H} \binom{|E|}{2} \leqslant \binom{n}{2}$$

即式 ⑦ 成立.如果 H 又是 r^- 一致的,则式 ⑧ 成立.

Steiner 系 $S(2,r,n)$ 是 n 元集 X 上满足每一对点恰好含在一条边中的 r^- 一致超图. T. P. Kirkman 给出: $S(2,3,n)$ 系存在的充要条件是 $n \equiv 1$ 或 $3 \pmod{6}$.

为了排除某些 r 的值,考察 $S(2,r,n)$ 系存在的必要条件:

(1) $\binom{n}{2}\binom{r}{2}^{-1}$ 是整数;

(2) $(n-1)(r-1)^{-1}$ 是整数.

对 $r=3,4$ 这两个条件是充分和必要的(Hanani). 对 $r=6$,除 $S(2,6,21)$ 系不存在外,这些条件是充分的. Wilson[1972]进一步证明,如果 r 是一个素数幂及

n 充分大,则 ⑦ 和 ⑧ 是充分和必要的.

关于 $S(2,r,n)$ 系的存在性和计数问题 Lindner 和 Rosá 在 1980 年给出,下面给出当 r,n 较小时存在 $S(2,r,n)$ 的表

$S(2,3,7)$

$S(2,3,9)$　　De Pasquale(1899),Brunel(1901),Cole(1913)

$S(2,4,13)$　De pasquale(1899),Brunel(1901),Cole(1913)

$S(2,3,15)$　Cole(1917),White(1919),Fischer(1940)

$S(2,4,16)$　Witt(1938)

$S(2,3,19)$　Deherder(1976)

$S(2,3,21)$　Wilson(1974)

$S(2,5,21)$　Witt(1938)

$S(2,3,25)$　Wilson(1974)

$S(2,4,25)$　Brouwer,Rokowska(1977)

$S(2,5,25)$　McInnes(1977)

$S(2,3,27)$　McInnes(1977)

$S(2,4,28)$　Rokowska(1977)

当 $n=7,r=3$ 或 $n=9,r=3$ 等时,可证明定理 3 中 ⑧ 的上界是最好的.

§3　交　簇

H 是一个超图,若 H 的边集两两交非空,则称该边集为一个交簇. 例如,对 H 的一个顶点 x,星 $H(x)=\{E\mid E\in H, x\in E\}$ 是 H 的一个交簇. 用 $\Delta_0(H)$ 表示 H 的交簇中的最大基数,则

$$\Delta_0(H)\geqslant \max_{x\in X}\mid H(x)\mid=\Delta(H)$$

在一个多重图中,交簇只能是星和三角形(允许三角形含多重边).

定理 4 H 是无重边的 n 阶超图,则
$$\Delta_0(H) \leqslant 2^{n-1}$$
此外,n 元集合的所有子集构成的超图中,交族的最大基数是 2^{n-1}.

证明 令 $\mathscr{A}$ 是 n 元集 X 的子集构成的超图的最大交簇.

如果 $B_1 \notin \mathscr{A}$,则由 $\mathscr{A}$ 的最大性,存在 $A_1 \in \mathscr{A}$ 与 B_1 不相交;因此 $X - B_1 \supseteq A_1$,因而对任给的 $A \in \mathscr{A}$,$(X - B_1) \bigcap A \neq \varnothing$. 再由 $\mathscr{A}$ 的最大性,推出 $(X - B_1) \in \mathscr{A}$. 反之,如果 $(X - B_1) \in \mathscr{A}$,就有 $B_1 \notin \mathscr{A}$. 所以
$$B \to X - B$$
是从 $\mathscr{P}(X) - \mathscr{A}$ 到 $\mathscr{A}$ 的双射,因此
$$|\mathscr{A}| = \frac{1}{2} |\mathscr{P}(X)| = 2^{n-1}$$

关于斯潘纳尔性质的一个猜想的注记

附录 5

设 P 是有限偏序集，f 是 P 上的秩函数，P_m 表示 P 中秩为 m 的元素集合. 若 $\max\limits_{m}|P_m|=\max\{|A|\,|\,A$ 是 P 中的反链$\}$，则称 P 有斯潘纳尔性质. 设 $a_1,\cdots,a_k\in P$，记 $F=\bigcup\limits_{i=1}^{k}\{b\,|\,a_j\leqslant b,b\in P\}$，称 F 是由 $a_1,\cdots,a_k$ 生成的序滤子. 这里我们考虑的偏序集是布尔代数 B^n，秩函数 $f(x)=|x|$. K. W. LIH 提出了下面猜想：

猜想 若 F 是由 B^n 中某些具有相同秩 t 的元素生成的序滤子，则 F 有斯潘纳尔性质.

---

① 原载《数学研究与评论》，1984 年，朱迎宪，大连理工大学.

$t=1$,猜想成立. 但对任一 t 上述猜想一般不成立. 例如 $t=4, n=7$, F 是 B^7 中秩为 4 的所有含 x_1 的子集和任一不含 x_1 的子集生成的序滤子,A 是 F_4 中所有含 x_1 子集和 F_5 中所有不含 x_1 的子集组成. 显然 A 是 F 的反链,$|A| > \max\limits_{4 \leqslant i \leqslant 7} |F_i|$,故 F 没有斯潘纳尔性质. 进一步,我们有:

定理 设 $n \geqslant 7, \dfrac{n}{2} < t < n-2$,则存在 B^n 的一个序滤子 F,使得 F 没有斯潘纳尔性质.

证明 设 F 是 B^n 中秩为 t 的所有含 x_1 的元素和任一不含 x_1 的元素生成的序滤子,则 $|F_i|=\binom{n-1}{i-1}+\binom{n-t-1}{i-t}$ $(i=t,\cdots,n)$. 下面我们证 $|F_i|$ 单调减,即证明

$$\binom{n-1}{i}+\binom{n-t-1}{i+1-t} < \binom{n-1}{i-1}+\binom{n-t-1}{i-t}$$

$$(t \leqslant i \leqslant n-1)$$

在 n 上用归纳法. $n=7$,结论显然成立. 因为

$$\binom{n-1}{i} = \binom{n-2}{i} + \binom{n-2}{i-1}$$

$$\binom{n-t-1}{i+1-t} = \binom{n-t-2}{i+1-t} + \binom{n-t-2}{i-t}$$

当 $i=n-1$ 时

$$\binom{n-2}{i}+\binom{n-t-2}{i+1-t}=0<1=\binom{n-2}{i-1}+\binom{n-t-2}{i-t}$$

所以由归纳假设

$$\binom{n-1}{i}+\binom{n-t-1}{i+1-t}$$

附录5 关于斯潘纳尔性质的一个猜想的注记

$$< \binom{n-2}{i-1} + \binom{n-2}{i-2} + \binom{n-t-2}{i-t} + \binom{n-t-2}{i-t-1}$$
$$= \binom{n-1}{i-1} + \binom{n-t-1}{i-t}$$

现在设 A 是由 F_i 中所有含 x_1 的元素和 F_{t+1} 中所有不含 x_1 的元素组成,则 A 是 F 的一个反链,且 $|A|>|F_i|>\cdots>|F_n|$. 定理得证.

参考文献

[1] KLEITMAN D. Maximal number of subsets of a finite set no K of which are pairwise disjoint[J]. J. Combin. Theory,1968,5,152.

[2]ERDOS P, KLEITMAN D. Extremal problems among subsets of a set[J]. Discrete Math. , 1974,8,281.

[3]KLEITMAN D. On a lemma of littlewood and offord on the distribution of certain fums[J]. Math. Zeitschr,1965,90,251-259.

[4]KATONA G O H. On a Conjecture of Erdös and a strongen form of Sperner's theorem[J]. Studia Sci. Math. Hungar,1966,1,59-63.

[5]ERDÖS P, KLEITMAN D. Extremal Problems among subsets of a set[J]. Discrete Math. , 1974,8,281.

[6]LIEC C L. Topics in combinatorial Mathematics[M]. Mathematical Association of America,1972.

[7]GREENE C, KLEITMAN D. Proof Techuiques in the theory of finite sets,studies in combinatorics(vii)[J]. Studies in Math 17. Math. Ass. of America.

[8]De BRUIJN N G,TENGBERGEN C A, KRUYSWIJK D. On the Set of Divisors of a

Number[J]. Nieuw Arch wisk,1945—51,23(2),191-193.

[9] SPERNER E. Ein satz über untermenge einer endlichen Mengt[J]. Math. Z. ,1928,27.

[10] Ko-WEI LIH. Sperner families over a subset, J. Combinatorial Theory,Ser. A. ,1980,29.

[11] ERDÖS P, KLEITMAN D. Extremal problems among subsets of a set[J]. Discrete Math. ,1974,8.

[12] COMET L. 高等组合学·有限和无限的艺术[M]. 大连:大连理工大学出版社.

[13] 徐利治. 两种反演技巧在组合分析中的应用[J]. 辽宁大学学报,1981,3:1-11.

[14] SHAPIRO L W,GETU S et al. The Riordan group[J]. Discrete Applied Mathematics,1991,34:229-239.

[15] SPRUGNOLI R. Riordan arrays and combinatorial sums[J]. Discrete Mathematics,1994,132:267-290.

[16] HSU L C. Generalized striling number pairs associated with inverse relations[J]. FQ,1987,25:346-351.

[17] HSU L C. Theory and application of generalized stirling numbers pairs[J]. J. Math. Res & Exp. ,1989,9:211-220.

[18] CARLITZ L. Some classes of Fibonacci sums[J]. Fibonacci Quarterly,1978,16(5):411-416.

[19] GOULD H W. Combinatorial Identities[M]. Morgantown Printing and Binding Co. ,1972.

[20] EGORYCHEV G P. Integral representation and the computations of combinatorial sums[J]. Amer. Math. Soc. Translations,1984,59.

[21] 徐利治. Möbius—Rota 反演理论的扩充及其应用[J]. 数学研究与评论,1981(创刊号),101-112.

[22] 徐利治. 自反函数与自反变换[J]. 数学研究与评论,1981,2,119-138.

[23] 徐利治. 关于自反级数变换的充要条件[J]. 自然杂志,1982,5(4),319-320.

[24] 徐利治,孙革. 论互反函数与互反变换[J]. 华中工学院学报科技版.

[25] BENDER E A,GOLDMAN J R. On the applications of Möbius inversion in Combinatorial analysis[J]. Amer Math Monthly, 1975 ,(82) 8,789-803.

[26] COMTET L. Advanced Combinatorics[M]. Holland:Reidel Pub Co. , 1974.

[27] GOULD H W,HSU L C(徐利治). Some new inverse series relations[J]. Duke Math. J. ,1973 (40),885-891.

[28] GOULD H W. Combinatorial Identities, Morgantown,1972.

[29] GREENE D H,KNUTH D E. Mathematics for the Analysis of Algorithms[M]. Boston : Birkhauser, Basel,1981.

[30] KNUTH D E. 计算机程序设计技巧,第一卷(中译本)[M]. 管纪文,苏运霖译. 北京:国防工业出

版社,1980.

[31] ROTA G C. On the foundations of combinatorial theory[J]. Z. Wahrscheinlich Keitstheorie，1964,2：340-368.

[32] WILF H S. The Möbius function in combinatorial analysis,etc. [M]. New York：Proof techniques in Graph Theory,Academic press ，1969：179-188.

[33] 查晓亚，韩绍岑. (u_2,u_1)-Sperner 界限和 EKR 界限[J]. 华中工学院学报,1986(6)：859.

[34] KLEITMAN D J, EDELBERG M,LUBELL D. Maximal sized antichains in partial orders[J]. Dis Math, 1977,1：47-53.

[35] SPERNER E. Ein Satz über Untermengen einer endlichen Menge[J]. Math,1928,27：544-548.

[36] 单壿. 数学竞赛研究教程[M]. 南京：江苏教育出版社.

[37] 数学奥林匹克题库编译小组. 加拿大中学数学竞赛题解[M]. 天津：新蕾出版社.

[38] KIM K H. Boolean Matrix Theory and Applications[M]. New York：Dekker,1982.

[39] BRUIJN N G,Tengbergen C A,Kruywijk D R. On the set of divisors of a number[M]. Nierw Arch Wisk，1952.

[40] FREESE R. An application of Dilworth's lattice of maximal ontichains[J]. Dis Math, 1974,17：107-109.

[41] HALL P. On representation of subsets[J]. J.

London Math. Soc. ,1935:10.
[42]LIH K W. Sperner Families over a Subset[J], J.Combin. Theory, Ser. 1980 ,A 29:182-185.
[43]GREENE C,KLEITMAN D J. Strong Version of Sperner's theorem[J]. J.Comb. Th. (A) 1976:20.
[44]GREENE C,KATONA G H,KLEITMAN D J. Extension of Erdös-Ko-Rado theory[J]. Studied in Applied Math, 1976, 55:1-8.
[45]GRONAU H F. On Sperner families in which no k sets have an empty intersection[J].J. Comb. Th(A). 1981,30:298-316.
[46]GRONAU H F. On Sperner families in which no k sets have an empty intersection[J]. Combinatorica,1982,2(1):25-36.
[47]GRAPO H, ROTA G C. Combinatorial Geometries[J]. M.I.T.Press, Cambridge, 1971.
[48]AIGNER M. Combinatorial Theory[M]. New York Inc. Springer-Verlag 1979:419-440.
[49]DAYKIN D E, GODFREY J, HILTON A J. Existence theorem for Sperner families[J]. J. Gomb. Th. (A),1974,17:245-251.
[50]GREENE C, HILTON A J. Some results on Sperner families[J]. J.Comb, Th(A),1979, 26:202-209.

后记

这是一本涉及组合数学专题的小册子.

卢梭说一切科学的起源都是卑鄙的:"天文学出于占星术迷信;雄辩术出于野心;几何学出于贪婪;物理学出于无聊的好奇;连伦理学也发源于人类的自尊."

组合数学的起源倒是个例外,它有一些神秘色彩.传说是在大禹治水时挖运河挖出的玄龟背负一张图即今天人们说的九宫图.这可视为最早的组合数学对象.

斯潘纳尔是一位德国著名数学家,来过中国,以此引理而著名,值得关注.

陈省身先生在为《阿蒂亚论文全集》大陆发行本所做的前言中写道:

Sperner 引理

在我年轻的时候,我听从建议去读庞加莱、希尔伯特、克莱因以及胡尔维茨等的著作,并从中获益.而我自己对布拉须凯、嘉当和霍普夫的著作更为熟悉,其实这也是中国的传统:在中国我们被教导要读孔夫子、韩愈的散文以及杜甫的诗歌,我真诚地希望这套全集不要成为书架上的摆设,而是在年轻数学家的手里被翻烂掉.

大师自有被称为大师的道理,读其有益.微博上活跃着众多吐槽爱好者,但大多乏善可陈.真正有品味的吐槽,来自大师的毒舌.比如苏联物理学家朗道曾贡献了一个生物学的经典吐槽.

当时苏联的官方生物学盛行的是李森科的获得性遗传理论.例如把鹿的耳朵剪个小缺口,然后交配生小鹿,再在小鹿的耳朵上剪个小缺口,一代一代这么干下去,最终会培育出一生下来耳朵就有个小缺口的鹿.于是,朗道问李森科,他如何解释"处女"的存在.

本书的主题是组合集合论的一个基本定理,是斯潘纳尔 1928 年首先证明的,所以被称为斯潘纳尔引理:设 $\mathcal{P}(X)$ 是 n 元素 X 的所有子集的集合.在子集间的包含关系下 $\mathcal{P}(X)$ 是一个偏序集.证明:偏序集 $\mathcal{P}(X)$ 中反链的最大规模为 $C_n^{\left[\frac{n}{2}\right]}$.引理证明的关键是,构造以偏序集 $\mathcal{P}(X)$ 的反链 $A = \{X_1, X_2, \cdots, X_m\}$ 和 n 元集 X 中 n 个元素的所有排列集合 B 为二部分划的二部图 G,然后应用 Fubini 原理对图 G 的边数 $e(G)$ 进行计数.这一证明是 Lubell 在 1966 年给出的,极为出色. Lubell 发表其证明的文章只有一页长,被著名组合数学家 Rota 收入到其编纂的名著《组合论中经典论文集》(*Classic Papers in Coubinatorics*, Quinn-Wood-

200

后　　记

bine 出版社 1987 年版），足见证明之精采．现简述如下：

设 $A=\{X_1,X_2,\cdots,X_m\}$ 是偏序集 $\mathscr{P}(X)$ 中的一个反链．B 是 n 元素 X 的 n 个元素的所有排列之集合．对于任意 $X_i \in A$，任意 $b \in B$，当且仅当排列 b 的前 $|X_i|$ 个元素构成的集合即为 X_i 时，令 X_i 与 b 相邻，得到一个二部图 G，G 的顶点集合的二部分划即是 A 和 B．现在用两种方式来计算图 G 的边数 $e(G)$．一方面，对任意 $X_i \in A$，将 X_i 中 $|X_i|$ 个元素的一个排列和 $\overline{X_i}$ 中 $n-|X_i|$ 元素的一个排列并在一起，即得 B 中一个排列 b，而且在图 G 中顶点 X_i 和顶点 b 相邻．由于 X_i 和 $\overline{X_i}$ 各有 $|X_i|$ 和 $n-|X_i|$ 个元素，因此如此的顶点 b 有 $|X_i|! \times (n-|X_i|)!$ 个．所以顶点 X_i 的度为 $d(X_i)=|X_i|!(n-|X_i|)!$．于是

$$e(G)=\sum_{i=1}^{m}d(X_i)=\sum_{i=1}^{m}|X_i|!(n-|X_i|)!$$

另一方面，对于任意 $b \in B$，如果 A 中 X_i 与 X_j 和 b 相邻，$X_i \neq X_j$，则由相邻的定义，X_i 和 X_j 分别是排列 b 的前 $|X_i|$ 和前 $|X_j|$ 个元素构成的集合．如果 $|X_i|=|X_j|$，那么 $X_i=X_j$，矛盾；如果 $|X_i| \neq |X_j|$，不妨设 $|X_i|<|X_j|$，那么 $X_i \subset X_j$，与 A 是 $\mathscr{P}(X)$ 的反链相矛盾．这说明，在图 G 中顶点 b 至多和 A 中一个顶点 X_i 相邻，即顶点 b 的度 $d(b) \leqslant 1$．于是

$$\sum_{i=1}^{m}|X_i|!(n-|X_i|)! = e(G)$$
$$=\sum_{b \in B}d(b) \leqslant |B|$$

而 B 是 X 中 n 个元素的所有排列的集合，所以 $|B|=n!$．因此

Sperner 引理

$$\sum_{i=1}^{m} |X_i|!(n-|X_i|)! \leqslant n!$$

即

$$\sum_{i=1}^{m} \frac{1}{\dfrac{n!}{|X_i|!(n-|X_i|)!}} \leqslant 1$$

也即

$$\sum_{i=1}^{m} \frac{1}{C_n^{|X_i|}} \leqslant 1$$

由二项系数 $C_n^0, C_n^1, \cdots, C_n^n$ 的单峰性可知,$C_n^{|X_i|} \leqslant C_n^{\left[\frac{n}{2}\right]}$. 于是

$$\frac{m}{C_n^{\left[\frac{n}{2}\right]}} \leqslant \sum_{i=1}^{m} \frac{1}{C_n^{|X_i|}} \leqslant 1$$

从而得到

$$m \leqslant C_n^{\left[\frac{n}{2}\right]}$$

设 A 是 n 元集 X 中所有 $\left[\dfrac{n}{2}\right]$ 元子集的集合. 易知 A 是偏序集 $\mathcal{P}(X)$ 的一个反链,且 $|A| = C_n^{\left[\frac{n}{2}\right]}$. 因此上界 $C_n^{\left[\frac{n}{2}\right]}$ 是可以达到的.

这个定理有许多应用. 比如数论中的如下问题:

设 $p_1, p_2, \cdots, p_n$ 是 n 个互异的素数,$N = p_1 p_2 \cdots p_n$. 证明:N 的一组两两互不整除的因数的最大规模是 $C_n^{\left[\frac{n}{2}\right]}$.

证 设 $d = p_{i_1} p_{i_2} \cdots p_{i_k}$ 是 N 的一个因数,$1 \leqslant i_1 \leqslant i_2 < \cdots < i_k \leqslant n$. 记 $X = \{1, 2, \cdots, n\}$,$A = \{i_1, i_2, \cdots, i_k\}$. 这说明,$N$ 的所有因数集合 D_N 与 n 元集 X 的所有子集集合 $\mathcal{P}(X)$ 之间存在一个双射. 易知 N 的一组两两互不整除的因数对应于 $\mathcal{P}(X)$ 中一个反链.

后　　记

由斯潘纳尔引理即得.

再比如下列组合问题：

设 $x_1, x_2, \cdots, x_n$ 是 n 个大于 1 的实数. 设 $N=\{1, 2, \cdots, n\}$. 对任意给定的 $A \subseteq N$，记

$$x_A = \sum_{i \in A} x_i$$

由于 N 共有 2^n 个子集 A，所以共有 2^n 个和数 x_A. 设 I 是一个单位长的闭区间. 证明：I 至多含有 $C_n^{\left[\frac{n}{2}\right]}$ 个 x_A.

证 设 $A_1, A_2, \cdots, A_m$ 是 N 的子集，使得 $x_{A_1}, x_{A_2}, \cdots, x_{A_m} \in I$. 记 $S=\{A_1, A_2, \cdots, A_m\}$. 如果对 $A_i, A_j \in S$，有 $A_i \neq A_j, A_i \subseteq A_j$，那么 $x_{A_j} - x_{A_i} = \sum_{k \in A_j - A_i} x_k > 1$. 与 $x_{A_i}, x_{A_j} \in I$ 矛盾. 这表明, $S=\{A_1, A_2, \cdots, A_m\}$ 是偏序集 $\mathscr{P}(N)$ 的一个反链. 由斯潘纳尔引理, $m \leqslant C_n^{\left[\frac{n}{2}\right]}$.

1945 年 Erdös 首先对绝对值大于 1 的实数 $x_1, x_2, \cdots, x_n$ 证明上述结论成立. 1965 年 Kleitman 和 1966 年 Katona 分别独立地证明 1943 年 Littlewood 和 Offord 提出的下述猜想成立：设 $z_1, z_2, \cdots, z_n$ 是 n 个绝对值大于 1 的复数, D 是复平面 Z 上单位闭圆盘，则 D 中至多含有 $C_n^{\left[\frac{n}{2}\right]}$ 个形如 $z_A = \sum_{i \in A} z_i, A \subseteq N$ 的和.

当然本书的起点是奥数，但终点一定不局限于奥数.

2012 年国际中学生数学竞赛的第一名被韩国从中国手中夺走. 这里原因很多，按人才均匀分布的模型，中国的数学天才应数十倍于韩国. 如今在举国体制之下居然屈居第二，一个原因是韩国的应试教育其惨

203

Sperner 引理

烈程度胜于中国.第二个原因是中国一流数学家(当然在世界范围内是第几流自有公论)已全部撤离了这一领域.二流大师自然会以二流的眼界,二流的方式,二流的理念来处理一切,得到的结果,自然是"取法乎中,仅得其下"了.

据南方周末 2012 年 9 月 18 日报道,教师节前夕,学者钱理群公开表达"告别"教育的意图,他说:"应试已成为学校教育的全部目的和内容,一切不能为应试教育服务的教育根本无立足之地."

本书是貌似有益应试,实则是远离应试的提高数学修养的读物.数学竞赛的目的就是想让那些数学的准天才们通过这一活动发现数学之美.从而走进数学的殿堂.所以很可能是中学时对数学产生的兴趣到了大学才开始发芽,进而通过自己的努力走进学术精英的团体中.尽管现在社会上"拼爹"现象严重.但大学如果不再是人们通过努力和勤奋来进入社会上升序列并借以发挥才华的通道,底层的人们便几乎再也没有其他的希望.一群失去希望的人,除了颓废就是盲目和放任了.

最后像所有被引用资料的原作者致谢.这些或许是本书的最有价值的构成.

刘培杰
2017.10.22
于哈工大